図解 即 戦力 豊富な図解と丁寧な解説で、知識0でもわかりやすい！

インフラ エンジニアの

知識と実務が
しっかりわかる
教科書

これ
1冊で

インフラエンジニア

技術評論社

はじめに

　電力や交通、銀行や証券など、私たちの生活はさまざまなシステムに支えられています。これらのシステムが止まってしまうと、「電車が動かない」「ATMが使えない」など、社会に大きな影響が生じます。

　システムが動くためには、システムそのものに加え、土台となるネットワークやサーバーも正常に動作している必要があります。これらの土台の構築・保守がインフラエンジニアの主な仕事です。利用者の視点からは普段と同じように使えるシステムでも、実際には内部で障害が起きていることもしばしばあります。それでも利用者に影響がないのは、一部が止まっても全体が停止しないように予備のシステムが用意されていて、その間、インフラエンジニアが障害の復旧に当たっているからです。

　インフラエンジニアは常に人手不足といわれています。ネットワークとコンピューター、ときにはセキュリティまで幅広い知識が要求されることにより人材が限られること、さらに夜間・休日問わず動き続けるシステムの保守・運用には人手が必要なことなどが要因として挙げられます。最近では仮想化やクラウド化が進み、以前よりハードウェアの管理が必要な機会は減っていますが、それでもクラウドサービスを利用したインフラの構築など、引き続きインフラエンジニアには高い需要が見込まれます。

　本書では、「インフラエンジニアとはどのような職業であるのか」を、図を用いて丁寧に解説しています。これからインフラエンジニアを目指す方はもちろん、エンジニア以外の読者にも役立つよう解説しました。また、実際の現場の話となる「インフラエンジニアの今」を伝えるため、多くの企業さまにご協力頂きました。この場を借りて、厚く御礼申し上げます。

　読者の皆様が、インフラエンジニアの世界に興味を持って頂き、この世界に足を踏み入れるきっかけとなれば幸いです。

2021年8月 インフラエンジニア研究会

はじめにお読みください

　本書に記載された内容は、情報の提供のみを目的としています。したがって、本書を用いた運用は、必ずお客様自身の責任と判断によって行ってください。これらの情報の運用の結果について、技術評論社および著者はいかなる責任も負いません。

　本書記載の内容は、2021年7月現在のものを掲載しています。そのため、ご利用時には変更されている場合もあります。また、ソフトウェアはバージョンアップされることがあり、本書の説明とは機能や画面が異なってしまうこともあります。

　以上の注意事項をご承諾いただいた上で、本書をご利用願います。これらの注意事項をお読みいただかずにお問い合わせいただいても、技術評論社および著者は対処できません。あらかじめ、ご承知おきください。

●本書で紹介している商品名、製品名等の名称は、すべて関係団体の商標または登録商標です。
●なお、本文中に™マーク、®マーク、©マークは明記しておりません。

目次　Contents

1章
ITインフラの基礎知識

2章
インフラエンジニアの仕事と仕組み

5章
インフラの概要

6章

インフラの設計

7章
インフラを構築する

8章

インフラの運用

9章

安定したインフラを
構築するために

10章
インフラ業界での
ステップアップ

1章

ITインフラの基礎知識

ITインフラは、コンピューターやインターネットがあらゆる分野に浸透した現代社会を影で支えています。まずは「ITインフラ」とは何を指すのかについて理解しましょう。

01　IT社会を支える ITインフラ

私たちの生活は「インフラ」によって支えられており、その中の1つであるITインフラは、現代のIT社会を支えるために不可欠です。まずはITインフラとは何か、どのような役割を果たしているのかを解説します。

● ITインフラはITシステムの土台

　インフラはInfrastructure（インフラストラクチャ）の略で、基盤や土台といった意味があります。水道・ガス・電気・道路や鉄道など、都市生活の基盤となる施設やシステムは、生活インフラと呼ばれます。いっぽう、IT業界におけるインフラとは、さまざまなWebサービスやシステムが稼働するために必要な**ネットワーク**や**サーバー**などを指します。また、サーバーにインストールするOS（基本ソフトウェア）や、OSとアプリケーションの中間に位置するミドルウェアと呼ばれるソフトウェアも、インフラに含まれる場合があります。こうした**ITインフラ**の構築や管理を行う技術者が**インフラエンジニア**です。

■ ITインフラの定義

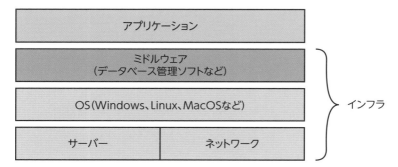

● ITサービスを利用できるのはITインフラのおかげ

　私たちの生活には、ITインフラを必要とするシステムが身近にたくさんあります。例えば次のようなことができるのは、ITインフラのおかげです。

- パソコンやスマートフォンでWebサイトを閲覧する
- 銀行のATMで現金を引き出したり、口座に振込をする
- 交通機関でICカードを使って運賃を支払う

　これらの仕組みを実現するシステムは、私たちが直接触れるパソコンやスマホ、ATM、自動改札機といった機器や、それらに組み込まれているソフトウェアだけで動いている訳ではありません。ネットワークやサーバーといったITインフラとも連動して動いています。水道管や浄水場がなければ蛇口をひねっても水が出てこないのと同じで、データを提供するサーバーやデータを送受信するネットワークがなければ、これらのシステムは稼働できません。

● ITインフラの規模

　明確な定義はありませんが、ITインフラの規模はおおむね次のように分類できます。

●小規模〜中規模システムのインフラ

　オフィスや学校では、多くの場合、施設内のパソコン同士やプリンターなどの機器が相互に通信できるようになっています。また、ファイルサーバーで共有するファイルを集中管理することもよく行われます。こうしたシステムを支えるのは、ハブやLANケーブルなどのネットワーク機器や、サーバー用コンピューター、OSといったインフラです。この規模のインフラの構築や管理は、数人から十数人で行われることがほとんどで、小規模オフィスであれば、ファイルサーバーなどには一般的なパソコン・OSを使用することも可能です。

●大規模システムのインフラ

　企業の生産管理、人事管理、会計処理などのシステム、あるいは鉄道・航空
の運行システムといった大規模システムを運用するためのインフラは、多くの
場合データセンターと呼ばれる専用の施設内に構築されます。サーバーやネッ
トワーク機器には、大容量・高速の処理が可能で高い耐久性を持ったものが用
いられます。こうした規模のインフラ構築は、複数の開発企業によって数年が
かりで行われることもあります。

● オンプレミスとクラウド

　かつてのインフラ構築では物理的なサーバーやネットワーク機器を自前で用
意することが必須でしたが、近年普及したクラウドはその常識を覆しました。

●オンプレミス

　オンプレミスでは、自社が保有する施設内にサーバーやネットワーク機器を
設置します。オフィスビルの1フロアをサーバースペースとする場合もあれば、
別の場所にデータセンターを保有し、オフィスから専用線やIP-VPNを経由し
て利用する場合もあります。

●クラウド

　クラウド（クラウドコンピューティング）は自社でインフラ設備を保有せず、
クラウド事業者が提供するインフラをインターネット経由で利用します。これ
らのサーバーやネットワークは**仮想化**（P.19参照）技術によりソフトウェア的
に実現されており、インフラの増強が必要になった場合に速やかに対応できる
という特長を持ちます。「クラウド」は、インターネットを雲（英語でCloud）
に見立てたことが由来です。

■ オンプレミスとクラウド

オンプレミス

自社ビル

クラウド

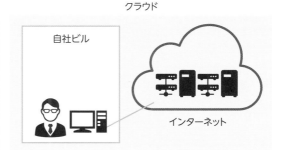

自社ビル

インターネット

● インフラの責務

　いまやITインフラは、水道や電気のような生活インフラと同様、社会に不可欠な存在といえるでしょう。とりわけ、銀行取引の処理や交通機関の運行をつかさどるシステムが障害を起こすと、社会に大きな影響を与えます。

　こうした理由から現在のITインフラでは、万が一のトラブルの際にも全停止といった重大な事態に陥らないよう、機器を二重化して、片方の機器が故障しても、もう片方の機器に素早く切り替えるといった対策が講じられています。また、銀行や証券会社の取引システムでは、顧客の口座残高や所有している有価証券の情報が失われるような事故があってはならないので、何重にもデータのバックアップをとって安全を確保しています。

　ITインフラに最も要求されることは、常に安定して稼働することです。当たり前の状態を常に維持することが責務なのです。インフラエンジニアは日々、この責務を果たすよう努めています。

まとめ

- ▶ ITインフラとは、ネットワークやサーバーのこと
- ▶ ITインフラには、さまざまな規模や形態がある
- ▶ ITインフラは常に安定して稼働することが重要

02 インフラの需要

さまざまな分野でITシステムが当たり前に利用されるようになった今、ITインフラには以前にも増して高い性能や信頼性が要求されます。今後発展が予想されるIT技術や、それに対応するインフラ技術について解説します。

● ますます増えるインフラ需要

　ネットワークでやりとりするデータの量は年々飛躍的に増加しています。例えばインターネットは、普及した当初はテキストデータのやりとりが主体でした。ところが現在では画像や動画の送受信も行われるなどリッチコンテンツ化が進んでいます。しかもカメラの高精細化により、データ量はますます増える一方です。また、昨今の社会情勢によるリモートワークの浸透にともない、動画を使ったビデオ会議が多く行われるようになったこともデータ量の増加に拍車をかけています。

　こうした状況に対応するため、ネットワークやサーバーの高性能化や増設といったITインフラの増強が不可欠です。

■ データの増加によりインフラの増強が求められる

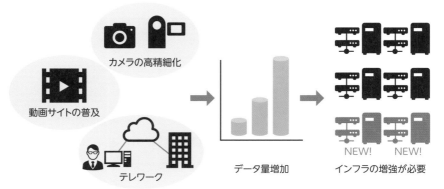

カメラの高精細化

動画サイトの普及

テレワーク

データ量増加

インフラの増強が必要

NEW!　NEW!

● 新技術への対応

IT業界は変化が早く、日々新たなサービスや技術規格が生まれています。これらは従来の規格で対応できないことも多く、新しい規格に対応した機器へのリプレースが必要になってきています。昨今話題となっている新技術のうち、インフラに関連が深いのが次の4つです。

● 5G

5Gは5th Generation（第5世代移動通信システム）の略で、携帯通信などのモバイル通信をはじめ、自動車や産業機器など、あらゆる端末に用いられることが期待されている新しい通信規格です。高速大容量、高信頼・低遅延、多数同時接続が特徴で、これまで通信速度や容量の限界により実現できなかったことを可能にする技術として期待されています。5G通信を利用するには、端末側ももちろんですが、さまざまなITインフラの対応も必要になります。まず、5Gで使用する電波の周波数の特性上、基地局の増設が不可欠です。また、5Gの大容量通信を最大限活用するためには、データの処理を行うサーバーの増強も必要となります。

● IoT

IoTは「Internet Of Things（モノのインターネット）」と訳されるように、パソコンやスマートフォンのみならず家電や自動車など、あらゆるモノにインターネット接続機能を持たせ、相互通信や遠隔制御を可能にする仕組みです。IoTで端末（モノ）から送信されるデータは少量ですが、接続される機器の数が多くなれば全体としてデータ量が大きくなるため、ストレージ（データを保存するための装置）などのインフラの整備も必要です。また、24時間365日の常時稼働への対応も課題となります。

●ビッグデータ

　SNSやECサイトといったWebサービス、および社会のさまざまな分野のITシステムは、ユーザーの行動履歴や通信記録といったデータを日々大量に生成します。近年、SNSの普及や社会のさまざまな分野のIT化により、デジタルデータが生み出される量は爆発的に増加しました。こうした膨大かつ多様なデータ群をビッグデータといい、社会動向の把握や、新たな問題解決へのアプローチに活用されることが期待されています。

　ときに数百テラ以上にもなるビッグデータの集計や分析といった処理には、従来の処理方法では時間がかかりすぎます。そこで、並列分散処理と呼ばれる仕組みで分析するためのインフラ構築が必要となります。

● AI

　AI（Artificial Intelligence）は「人工知能」と訳され、言語の理解や問題解決といった知的活動をコンピューターに行わせる技術です。AIは、ビッグデータなど大量の情報から規則性やルールを学習することで、回答を自ら改善していきます。AIの運用では、そうした学習用のインフラの構築が必要となります。

● 自動化と仮想化技術の活用

　ITインフラを安定的に運用するためには、日々の監視や定期的なメンテナンス、アップデートが不可欠です。こうした作業を計画・実行するのもインフラエンジニアの重要な役割です。ITシステムやサービスが大きく複雑なものになるにつれ、インフラエンジニアが扱うサーバーやネットワーク機器の数も増えていきます。そこで近年のインフラ業界では、少ない人員で大規模なインフラを効率的に運用するため、次のような工夫が行われています。

●自動化

　以前ならば24時間の中で交代シフトを組み、24時間人の目で行っていた監視をツールで自動化し、障害が発生したときは管理者にメールなどで通知するようにします。さらに、自動で障害から復旧するシステムを構築し、人手を最小限に抑えながらも安全・確実に稼働する仕組み作りに取り組んでいる現場もあります。

■ 少ない人員でより多くのサーバーを運用

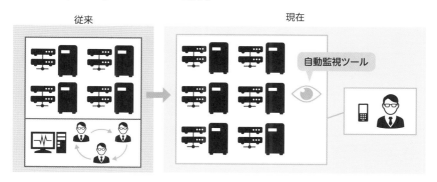

従来　　　　　　　　　　　　　　　　　　現在

自動監視ツール

●サーバー仮想化

　サーバー仮想化とは、実際には1台で稼働しているサーバーコンピューターを、ソフトウェアによってあたかも複数台のサーバーのように「見せかける」技術です。

　仮想化した複数台のサーバーは、物理的なサーバーの台数に縛られないことはもちろん、物理的な設置や配線なども不要です。画面上でサーバーの追加や削除といった構成の変更が柔軟に行えます。万が一、仮想化サーバーが壊れた場合もバックアップをとっておけば比較的簡単に元に戻せます。このようにサーバー仮想化はサーバー管理の省力化をもたらし、1人のインフラエンジニアがより多くのサーバーを管理・運用することを可能にします。

■ サーバー仮想化

| 仮想サーバー | 仮想サーバー | 仮想サーバー |

| 仮想化ソフトウェア |

> 物理サーバーは1台だが、
> 3台のサーバーのように
> 「見せかける」ことができる

| 物理サーバー |

◉ IT イノベーションとインフラ

　今日、私たちはさまざまな技術革新によって生み出されたITサービスを利用しています。さらに今後は、AIやIoTといったテクノロジーを都市生活の全面にわたり活用するスマートシティの実現が予想されます。これらのイノベーションを支えるITインフラの重要性はより高まっていくことでしょう。

まとめ

▷ **ネットワーク上のデータ量は増加の一途をたどっており、IT
インフラの増強が不可欠となっている**

▷ **IT業界で注目されている5G、IoT、ビッグデータやAIといっ
た新技術に対応するため、インフラの増強や刷新、新たな仕
組みの導入が求められている**

▷ **自動化やサーバー仮想化といった技術により、従来より少な
い人員で大規模なインフラの運用が可能になっている**

2 章

▼

インフラエンジニアの
仕事と仕組み

インフラエンジニアは、ITシステムにおいて
インフラを担当する技術者です。本章では、イ
ンフラエンジニアとは具体的に何をする職業な
のか、どのような流れで作業を進めるのかと
いったことを解説します。

03 インフラエンジニアって どんな人？

インフラエンジニアとはどのような立場で、何をする人なのでしょうか。ここでは、ITシステムの開発においてインフラエンジニアが果たすべき責務や期待される役割について解説します。

● ITシステムをインフラの面から支える

ITシステムの開発には、さまざまな分野を担当するエンジニアが携わります。開発作業全体を統括するプロジェクトマネージャー、システムの全体を設計するシステムエンジニア、ユーザーが触れる画面の表示や動きに関わるプログラムを開発するフロントエンドプログラマー、データの処理やサービスを提供するプログラムを開発するバックエンドプログラマー、そして、それらプログラムが稼働するインフラの構築および運用を行うインフラエンジニアがいます。

ITシステムが稼働するためには、その土台となるサーバーやネットワークが必要です。インフラエンジニアは、こうしたインフラを専門的に扱います。プログラマーがどれだけ優れた機能を備えたプログラムを作ったとしても、サーバーが頻繁にダウンしたり、ネットワークの通信速度が遅すぎたりするようでは、プログラムは本来の性能を発揮できません。土台を支えるインフラエンジニアは、ITシステムの開発に欠かせない存在です。

● 適切な規模のインフラを検討する

ITシステムには、用途に応じた適切な規模のインフラが求められます。システム開発において、インフラエンジニアの仕事は、そうした適切な規模のインフラを検討するところからはじまります。

例えば、システムエンジニアから「1時間あたり同時接続1000人程度のアクセスに対応できるインフラを構築してほしい」と依頼がきたら、フロントエンドプログラマーやバックエンドプログラマーにヒアリングをします。そして、

どれくらいのデータ量が発生し、データベースに対してどのような処理が発生するのかといった、具体的な事項を洗い出した上で、ネットワーク回線の容量や速度などを検討します。このときの見積もりが甘いと、将来的にアクセス数が増えたとき、サーバーやネットワークの性能不足によりサービスを維持できなくなるような事態に陥る可能性があります。逆に余裕を持たせすぎても余計なコスト（維持費）がかかってしまうため、適切な規模のインフラを検討することが求められます。

■ 適切な規模のインフラを考える

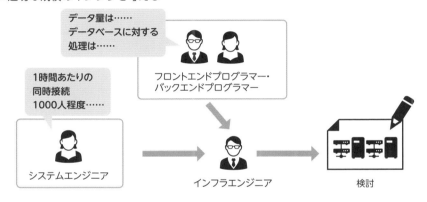

まとめ

▶ **インフラエンジニアは、さまざまな領域のエンジニアと協力してITシステムの開発や運用にあたる**

▶ **ITシステムの利便性や信頼性向上のために、インフラの面でできることを提案・実行する**

▶ **適切な規模のインフラを検討する**

04 インフラエンジニアの仕事場

ひとくちにインフラエンジニアといっても、所属する企業の業態によって求められる役割や仕事内容は異なります。ここではインフラエンジニアが活躍する代表的な3つの仕事場を紹介します。

● データセンターの運営企業

　ITサービスを運営する会社が、自前でサーバーやネットワークなどのインフラを用意するには多大なコストがかかります。そこで、インフラをレンタルという形でユーザー（サービスの運営企業など）に提供する企業があります。こうした企業は、データセンターと呼ばれる、多数のサーバーとネットワーク機器を集約した施設を保有しており、インフラが滞りなく稼働するための監視やメンテナンス、機器の更新などを行う人員としてインフラエンジニアが働いています。

■ データセンターの運営企業のインフラエンジニア

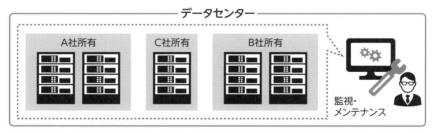

● システムインテグレーター

　システムインテグレーター（System Integrator）は、一般企業や公的機関のITシステムの構築から運用までを、一括して請け負う企業のことです。SIer（エスアイアー）と呼ばれることもあります。

　システムインテグレーターのインフラエンジニアは、顧客企業のシステムに

必要なインフラの設計、機器の調達、構築、運用までを手がけます。業種やシステムで扱う情報によってインフラに求められる性能は大きく変わります。そのため、幅広い知識が求められます。

■ システムインテグレーターのインフラエンジニア

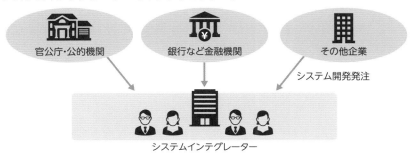

官公庁・公的機関　　銀行など金融機関　　その他企業

システム開発発注

システムインテグレーター

● IT サービス企業

　Web サイトやオンラインゲームなどの IT サービスを提供している企業が IT サービス企業です。こうした企業に所属し、自社サービスに必要なインフラの構築や運用を行うインフラエンジニアがいます。

　IT サービス企業が提供するサービスには、小規模なものから何十万、何百万人ものユーザーを抱えるものまでさまざまです。規模やサービス内容に合わせた柔軟なインフラの設計、構築、運用が求められます。

まとめ

▶ **データセンターの運営企業のインフラエンジニアは、顧客企業に貸し出すためのインフラ設備を管理する**

▶ **システムインテグレーターや IT サービス企業のインフラエンジニアは、自社が開発したシステムが稼働するインフラ設備を管理する**

05 インフラエンジニアの仕事

ITインフラを作るにあたっては十分な計画が必要です。また、作ったあとはそれを維持する作業が不可欠です。インフラエンジニアの仕事の全体像について、もう少し深く掘り下げてみましょう。

◉ 設計から構築、保守運用まで

　インフラエンジニアが行う仕事は、工程別に大きく**設計**・**構築**・**保守運用**に分かれます。

●設計

　この工程では、インフラ上で稼働するシステムが必要とする機能や性能を検討し、構築するインフラの計画を設計書としてまとめます。また、機器の機種や数量を検討し、業者から価格の見積もりを取った上で購入を手配する必要もあります。今後のインフラ構築や保守運用がうまくいくかどうかを左右する重要な工程です。

●構築

　設計書に従ってサーバー、ネットワーク機器の設置や配線、サーバーソフトウェアの導入、各種設定を行います。

●保守運用

　構築したインフラを常に安定して稼働させるための、監視やメンテナンスといった作業です。どんなITインフラであっても構築したら終わりということはなく、必ず保守運用が必要です。これは、システムが稼働し続ける限り継続しなければならない、長期にわたる仕事です。

■ インフラエンジニアの仕事と流れ

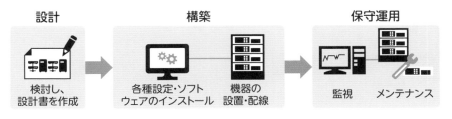

◉ インフラエンジニアはさまざまな専門家の集まり

　ひとことでインフラエンジニアといっても、実際は次のようにさまざまな分野・領域を担当するエンジニアに分かれます。

- ネットワークの物理的な配線・施工
- ネットワークの設計・構築
- サーバーの設計・構築
- データベースの設計
- サーバー、ネットワークのセキュリティ対策
- サーバー、ネットワークの保守・運用

　設計・構築・保守運用の各工程において、各分野のスペシャリストは互いに連携してITインフラを支えています。もちろん、多くのインフラエンジニアは各分野の知識を持っていますが、実際の業務においては各領域をその専門家が担当します。

まとめ

▷ インフラエンジニアの仕事は、設計・構築・保守運用の3つの工程に分かれる

▷ インフラエンジニアの中にさまざまな領域があり、それぞれの専門家が協力してITインフラを支えている

06 | インフラのクラウド化

昨今、IT業界において注目されている技術の1つがクラウドですが、インフラにおいてもクラウド化が進んでいます。インフラをクラウド化するとはどういうことか、どのようなメリットがあるのかについて解説します。

● インフラにおけるクラウドとは

　クラウドとは、クラウドコンピューティングの略称で、**インターネット経由で必要なときに必要なだけコンピューターリソース（機能や容量）を利用すること**です。わかりやすい例は、Googleが提供するGmailやGoogle ドキュメントなどのサービスでしょう。従来のように、メールクライアントソフトやワープロソフトを自分のパソコンにインストールする利用形態とは異なり、GmailやGoogle ドキュメントでは、ウェブアプリケーションとしてブラウザ上で提供されるソフトウェアを操作し、データもGoogleのサーバーに保存されます。

　インフラのクラウド化とは、**サーバーやネットワーク、OSなどをインターネット経由で必要なだけ借りて利用すること**です。

　インフラを構築する場合、従来ならばネットワーク機器やサーバー機器などを購入（もしくはリース契約）し、設置する必要がありました。それに対しクラウドでは、ユーザーは手元のブラウザから必要なサーバー、ネットワーク機器などを選択するだけでインフラ一式をすぐに利用できます。なぜこのようなことが可能なのかというと、ユーザーが利用するサーバー、ストレージ、ネットワークなどはすべて仮想化技術で作られているからです。

　2021年現在、クラウドサービス大手としてはAWS（Amazon Web Services）やMicrosoft Azure、Google Cloudなどがあります。こうしたクラウドサービス事業者は、高速なインターネット回線と高性能なコンピューター、大容量のストレージ（ファイルなどのデータを保存する機器）を有したデータセンターを世界各国、各地域（リージョン）に複数保有しており、膨大な物理的リソースの上で、仮想化されたインフラを提供しています。

● クラウド化のメリット

　クラウド化のメリットは、大きく分けると2つあります。1つ目は、機器の調達が不要なため、初期コストを抑えられることです。2つ目は、オンプレミスでは難しい、急激なデータの増減に対応したインフラの拡大縮小が容易であることです。サーバーをもう一段階高性能にする、サーバーの台数を増やすといったことも、画面上の操作だけで実現できるため、柔軟な運用が可能です。

■ 柔軟な運用が可能なクラウド

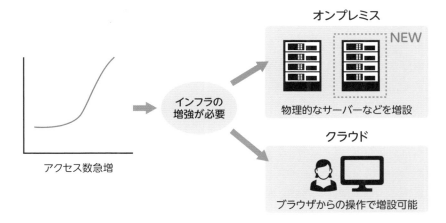

まとめ

▷ クラウドとは、インターネット経由でソフトウェアやコンピューターリソースを利用する形態

▷ インフラのクラウド化とは、クラウドにより、仮想化されたサーバーやネットワーク、OSなどのインフラを利用すること

▷ インフラのクラウド化は、初期コストの低減や運用の柔軟性といったメリットをもたらす

07 インフラの設計

インフラの設計は、必要な機能や性能の洗い出しからはじめ、概要の設計から具体的な設計というように、大きな単位から小さな単位へと段階を踏んで進めていきます。そして最終的には、設計書に落とし込みます。

● 機能要件と非機能要件

　あらゆるITシステムは、なんらかの目的を持って作られています。ITにおける**要件**とは、そうした目的を達成するために、システムで必要とされる機能や性能を指します。システムを作る際には、まずこの要件を整理し、決定します。これを**要件定義**といいます。

　システムインテグレーターであれば、システムエンジニアが顧客企業の担当者と打ち合わせをして要件を定めます。自社サービスの開発であれば、社内で打ち合わせをして要件を決めます。

　要件は、**機能要件**と**非機能要件**に分かれます。

●機能要件

　機能要件はこのシステムによってどんな課題が解決されるのかや、画面上のボタンをクリックしたときにどのような挙動をするのかといった、システムが備える機能面の要件を指します。

●非機能要件

　非機能要件は最大100人が接続できること、応答速度が3秒以下であることといった、機能ではなく性能や信頼性、セキュリティなどの安全性といった側面から求められる要件を指します。

　このうち、**インフラに関わるのは非機能要件**です。優れた機能を持つシステムも、インフラが性能不足であれば、利用者から見た場合に処理が遅い、動作

が重いなどといった問題が起きて不信を招く可能性があります。こうした問題が発生すると、サービスを運営する企業のビジネスにも影響します。これを避けるために非機能要件を定める必要があります。

● 非機能要件からインフラを設計する

　非機能要件を定義するのはシステムエンジニアの仕事で、それを満たすインフラを設計するところからがインフラエンジニアの仕事です。非機能要件が定まれば、そこから必要な回線容量、サーバーの台数、冗長性などといったインフラの概要を決められます。

　次に、さらに具体的な機器の機種やソフトウェア（OSや各種ミドルウェア）などを選定します。この段階で、調達にあたりどれくらいの費用がかかるのかや、インフラの開発期間にどれくらい必要なのかがわかるので、関係部署に確認し承認をもらいます。

● 構築担当が作業できる設計書に落とし込む

　要件が固まり、費用と開発期間の承認が下りたら、次は各機能や設定の詳細を決めます。詳細な設計では、機器に設定する具体的な設定項目、例えば、IPアドレス（P.86参照）なども記載し、構築担当者がそれを見れば作業できるような記載レベルの設計書として落とし込んでいきます。こうした設計書をひとつひとつ手作業で作成するのは大変なので、一般的にはネットワーク構成図が描けるツールを使います。

　また、インフラ設計を専門とする部署では、こうした設計書をテンプレート化しておき、プロジェクトごとに一部の修正で使い回しできるようにして省力化を図るケースも多くみられます。

■ インフラの設計

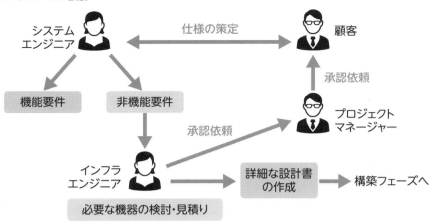

まとめ

▶ ITシステムに求められる目的を達成するための機能や性能を
「要件」という

▶ 要件には機能要件と非機能要件があり、インフラの設計に関
わるのは非機能要件

▶ 非機能要件からインフラの概要を設計したあと、さらに具体
的な設定や機能の設計へと進む

08 インフラの構築

詳細な設計書ができたら、それに従ってインフラを構築していきます。サーバーの組み立てや設置、OSのインストールやネットワークの設定などを実施します。クラウドの場合は、まとめて実施することもできます。

● 設計書通りに機器を構成する

　設計書ができたら、その通りに機器を構成します。物理的なサーバーの場合は、まずサーバー機器などのハードウェアを設置場所に搬入します。重たいサーバー機器を梱包から出し、ラックと呼ばれるサーバーを納める棚のようなものにネジで固定するなど、まるで冷蔵庫の設置のような重労働を行うこともあります。

　次に、搬入したサーバーにOSをインストールして、ネットワークの設定などを行い、サーバーとして必要最低限の操作や外部との通信を行える状態にします。このような最低限の初期設定作業を**キッティング**といいます。サーバーをデータセンターに設置する場合は、キッティングはデータセンターのインフラエンジニアに任せられる場合もあります。

■ キッティング

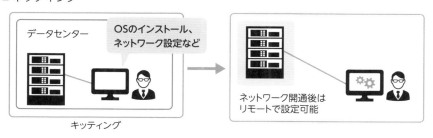

● 各種ソフトウェアのインストールや設定

　インフラエンジニアは、キッティングが終わったサーバーに、ネットワークとのやりとり、データベースの管理などを行うソフトウェアをそれぞれセットアップします。ここまで完了したら、アプリケーションプログラムのデプロイ（プログラムを実行環境に配置すること）を行うバックエンドプログラマーなどにバトンタッチします。

■ インフラ構築の完了まで

COLUMN　クラウドは構築作業も効率的

　クラウドでは物理サーバーに比べ効率的に構築作業を行えます。物理的な搬入・設置作業が必要ないほか、各種ソフトウェアのインストールも、設定方法を記述したプログラムを実行することで自動化できます。これにより、何十台ものサーバーを構築する場合も短時間で設定が完了します。

まとめ

▶ **OSのインストールやネットワークの初期設定など、最低限の設定作業をキッティングという**

▶ **キッティングのあと、各種ソフトウェアをインストール、セットアップする**

09 インフラの保守運用

インフラは、いつでも安定して使えることが重要視されます。そのためには、日々の保守運用が欠かせません。保守運用ではまず、異常がないかを監視し、異常があれば、それが全体に影響を及ぼす前に食い止めます。

● 常時監視し、迅速に対応する

　ITシステムやサービスを安定して提供するため、インフラには正常な稼働が常時求められます。しかし、実際にはさまざまな動作の異常や、物理的な機器の故障といった障害が発生します。インフラで起こりうる障害としては、ソフトウェアの不具合のほか、経年劣化によるハードディスクの故障や接触不良など、物理的な障害もあります。機械である以上、こうした障害の発生を完全になくすことはできません。そのため、24時間の監視体制をとり、障害が起きたらすぐに対応できるように備えておくことが重要です。

　とはいえ、人間による24時間365日の監視体制の整備には、人件費や人員の確保という課題があります。そこで、こうした監視はツールによって自動化し、異常が発生した場合はメールなどでインフラエンジニアに通知する仕組みを作っておきます。また、障害は時間帯に関係なく発生します。そのため、保守運用担当のインフラエンジニアは、交代で深夜・休日の障害対応を担当することがほとんどです。

■ ツールで監視してインフラエンジニアに通知する

異常発生!　　監視ツール　　通知　　障害発生!　　インフラエンジニア

◉ 障害に至る前に対応できるもの

　物理的な機器の中には、障害を予測して対応できるものもあります。例えばデータを記憶するハードディスクは、故障すると大きな障害に発展する恐れがある一方で、監視により前兆を捉えて対応すれば障害を防げる代表的な機器です。ハードディスクでよく発生する障害には、以下の2つがあります。

●容量オーバー

　サービスを運用し続け、利用者数が増加するに従って扱うデータの量も増え、ハードディスクの負荷は大きくなります。監視により、データ量の増減を把握し、限界に達する前にハードディスクやサーバーの増強を計画します。

●機械的な故障

　読み込みや書き込み時のエラーが発生した場合、ハードディスク内部の予備領域が使われ、しばらくは稼働を継続できますが、多くの場合こうしたエラーは故障の前兆です。近年のハードディスクは、自身で使用時間やエラーの発生回数などを記録しています。こうした記録を監視し、故障に至る前に新しいハードディスクと交換します。

　このように、監視には障害が発生した際の事後対応だけでなく、問題を予測して事前に備える役割もあります。

まとめ

- ▷ **ITインフラでは故障などの障害は避けられないため、常時監視し、障害に迅速に対応できる体制を整える**
- ▷ **監視はツールによって自動化し、インフラエンジニアは休日夜間の障害にも備える**
- ▷ **監視で障害の前兆を捉え、障害に至る前に機器の交換や増強といった対応をとる**

3章

インフラエンジニアの求人状況と働き方

インフラエンジニアの求人や労働環境はどのような状況なのでしょうか。実際のデータから現状を読み解いていきます。また、インフラエンジニアとして活躍している方々のワークスタイルも紹介します。

10 インフラエンジニアの求人状況

インフラエンジニアを目指している人は、求人状況や給与水準が気になるところでしょう。本節では、インフラエンジニアの求人状況や給与について、ここ数年の具体的な数値から読み解いていきます。

● 求人状況

　まず求人倍率を見てみましょう。求人倍率とは、転職希望者1人に対して、中途採用の求人が何件あるかを算出した数値です。次のグラフは、転職サイト「doda」における2018年度の月ごとの求人倍率の推移を示したもので、同サイト全体の求人数とインフラエンジニアの求人数の2つを比較しています。全体の求人倍率が2〜3倍であるのに対し、インフラエンジニアは9〜11倍で推移しており、旺盛な求人需要があることがわかります。1年を通して求人倍率には動きがあり、8月と12月は特に高い倍率を示しています。

■ 2018年度の月ごと求人倍率の変化

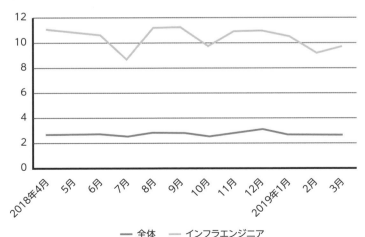

データ提供：転職サービス「doda」

● 給与事情

　次に給与を見ていきます。転職サイト「doda」のデータによると、2017年9月〜2018年8月までの間に、同サイトのエージェントサービスに登録したインフラエンジニアの平均年収は446万円です。年収の分布を見ると、300万円台と400万円台が全体の約半分を占めています。一方で299万円以下、500万円代はそれぞれ約15%を占めており、年収グループは幅広く分布していることがわかります。これは次に説明するように、年齢によって年収に大きな差があることが要因と考えられます。

■ インフラエンジニアの年収分布（2017年9月〜2018年8月）

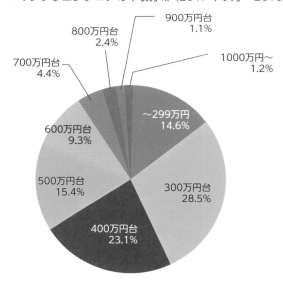

データ提供：転職サービス「doda」

　インフラエンジニアの年代別平均年収を見ると、年齢が上がるにつれて年収も上がっています。50代以上では平均701万円と、インフラエンジニア全体の平均と比較して250万円以上の差があることがわかります。これは、経験を重ねることでスキルが高まること、リーダー的な役割を担当することによると考えられます。

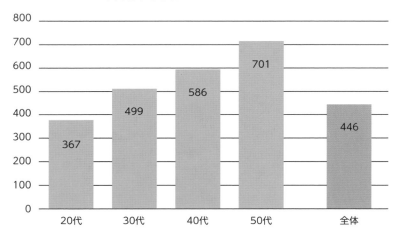

■ インフラエンジニアの年代別平均年収

データ提供：転職サービス「doda」

11 インフラエンジニアの学歴と年齢

インフラエンジニアになるには、学歴や年齢はどう関係するのでしょうか？　定説といえるようなものはありませんが、最近のデータから傾向を探ってみましょう。

● IT人材の学歴

　IPA（独立法人情報推進機構）が公開している2017年版「IT人材白書」によれば、IT技術者の最終学歴は大学と大学院が約7割となっています。なお、ここでのIT技術者とは、インフラエンジニアやアプリケーションエンジニア、プロジェクトマネージャー、セキュリティエンジニアなど、ITエンジニア全般を指します。

　最終学歴における専攻は、情報系（情報工学・情報科学など）が約4割と最も多く、次いで工学系（情報系を除く）と経済学、経営学系の割合が高く、以上が全体の約7割を占めています。情報系、工学系の学部が過半数を占める一方、経済学部や文学部、法学部といったいわゆる文系学部からITエンジニアの業界に進む人も決して少なくありません。

　これは、採用市場における理系学生の不足、また現在では文系でもコンピューターに親和性が高い学生が多く、企業も積極的に文系学生をエンジニアとして採用していることが影響していると考えられます。このようなITエンジニア全体の学歴構成から、インフラエンジニアについても同様の傾向があると推察できます。

■ IT企業におけるIT技術者の最終学歴

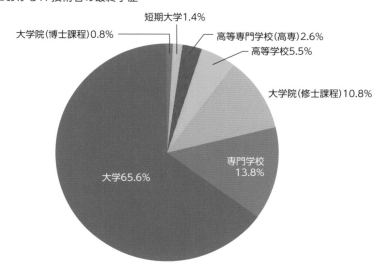

IT人材白書2017（IPA）を基に作成

■ IT企業におけるIT技術者の最終学歴での専攻

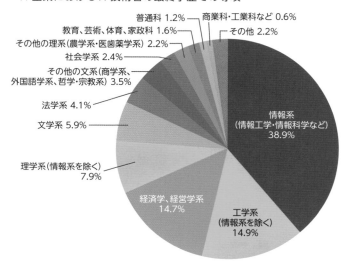

IT人材白書2017（IPA）を基に作成

● インフラエンジニアに転職する年齢

　インフラエンジニアには、他業種、およびほかのIT職種から転職する例も少なくありません。2014年度〜2018年度にインフラエンジニアに転職した人の年齢割合を比べてみましょう。

　20代以下の若年層においては、ほかの職種からインフラエンジニアに転職した人の割合が4割以上あり、特に2017年度、2018年度では5割を超えています。さまざまな業界で今後の衰退が懸念される中、成長分野と目されるIT業界には将来を見据えて転職する若年層が増加していると推察され、インフラエンジニアについても同様の傾向が表れているものと思われます。

■ インフラエンジニアに転職した人の年代割合の推移

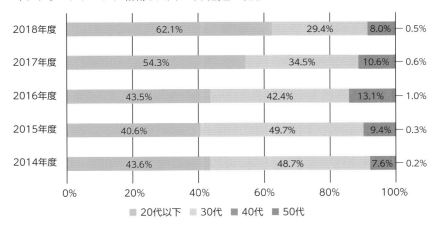

データ提供：転職サービス「doda」

まとめ

▶ **IT エンジニア全体の傾向として、就職者の多くの最終学歴は大学学部および大学院、専攻は情報系が多い**

▶ **インフラエンジニアに転職した人の年齢層では、20代以下の若年層の割合が多く、特に近年はその傾向が高まっている**

12 インフラエンジニアの労働環境

インフラエンジニアの労働時間、労働環境にはどのような特徴があるのでしょうか。システムの不具合は日時に関係なく突然起こるため、インフラエンジニアは夜間や休日に障害対応を行うこともあります。

● 経産省とIPAの調査結果に見る残業時間

　　経済産業省がまとめた2017年の「IT関連産業の給与等に関する実態調査結果」は、IT産業における各職種の勤務者の残業時間と勉強時間の調査結果を、次のような分布図で示しています。これによると、インフラエンジニアの中でも「IT保守」「IT運用・管理」に当たるエンジニアは、月単位での残業時間が20時間強でほかの職種よりも短い水準です。一方「IT技術スペシャリスト」では月30時間弱にまで増加することが読み取れます。

■ IT関連産業の「職種別」残業時間と勉強時間の分布

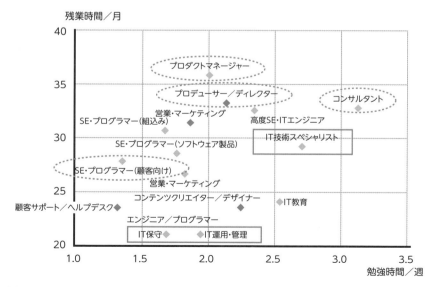

出典：IT関連産業の給与等に関する実態調査結果
緑の点線の囲みは原図中のもの。緑の実線の枠は本書で説明のため追加

● インフラエンジニアの労働環境の特徴

インフラエンジニアは障害発生時の対応など、突発的な作業にも対応します。また、問題が解消するまで作業しなくてはならないという厳しい面があります。

●深夜や休日の作業

稼働中のシステムの改修作業などは、サービスの運営を妨げないように、システムが停止する休日や夜間に作業を集中して実施することもあります。また、これはITエンジニア全般にいえることですが、システムの新規構築や、既存システムの大幅な構成変更は期限までに終わらせる必要があります。

●突然の不具合に対処する

システムの不具合は日時に関係なく突然起こります。運用・保守に当たるインフラエンジニアは、たとえ休日や深夜であっても、復旧作業のため迅速な対応が求められます。

●問題解消まで作業継続

システムに不具合が発生した場合、可能な限り速やかに復旧作業を完了させることが求められます。また、不具合が解消するまで作業を続けなければならないため、場合によっては長時間の作業になることがあります。

しかし、昨今の社会情勢にともなうリモートワーク化が急速に進んだことで、インフラエンジニアも緊急時以外を除いて、社内で勤務する時間が短くなっていくと考えられます。

まとめ

▶ 平均してインフラエンジニアの残業時間は極端に長時間ではない

▶ 運用・保守では、突発的な作業や長時間の作業が発生することがある

13 インフラエンジニアの1日 CASE1

インフラエンジニアの現場における実際の業務はどのようなものなのでしょうか。3名の方にお話を伺いました。最初に紹介するのは自社サービスのインフラに携わるエンジニアです。

● 自社のWebサービスを支えるネットワークエンジニア

　楽天グループ株式会社でネットワークエンジニアとして勤務しているAさんは、データセンター内のネットワークの設計・構築・運用を一貫して行う部署に所属しています。

● 略歴

　大学院で情報工学を専攻。楽天株式会社（現・楽天グループ株式会社）に就職後、オンプレミスのインフラ運用業務からキャリアをスタートし、サーバーをはじめとしたインフラの設計、構築、運用の自動化といった業務を経験しました。

　入社5年目にネットワークエンジニアに転向します。実務を通してデータセンターのネットワーク技術を学んだAさんは、サーバーとネットワーク双方の知見と経験を活かし、次世代インフラの設計に関わります。現在は複数のインフラのネットワーク運用に当たりながら、機能追加や改善にも従事しています。

● 業務内容

　既存のネットワークの運用や改善、トラブル対応のほか、新技術の調査やプロダクトマネジメントにも携わります。また、膨大な数におよぶネットワーク機器の運用を省力化するために、管理を自動化するプログラムの開発も行っています。

ネットワーク機器に関わる作業は、広範囲なサービスに重大な影響を与える可能性があるため、事前に入念な準備や検証を行います。また、作業が影響する多くの他部署との日程調整も仕事です。

● 1日のタイムスケジュール

　次にAさんの1日のタイムスケジュールを見てみましょう。慎重さを要する作業や細かい作業は午前中に行います。また本番環境（開発やテスト用の環境に対して、実業務用の環境）での作業も午前からはじめて、問題発生時は午後まで延長できるように工夫しています。

■ タイムスケジュール（通常日）

時刻	内容
9:00	始業、その日にするべきことをチーム内で共有
9:30 11:00	慎重さを要するオペレーション、細かい作業や依頼関連、本番作業、ネットワーク機器の配線依頼、発注、トポロジ図（ネットワーク構成図）の更新など
12:00	昼食
13:30	プロジェクトの進捗確認会議、課題の整理
14:00	ユーザーからの問い合わせ対応やベンダーとの会議など
15:00	休憩
15:30	新機能の検証、既存ネットワークの改善タスク
18:00	退社

●繁忙日のスケジュール

　プロジェクト終盤や新機能のリリース期限の前には、夜遅くまで勤務することもあります。また、クリティカルな障害が発生したときは深夜や早朝でも対応しますが、後日代休を取得するようにしています。

● 仕事のポイント

●ドキュメントの更新を怠らない

　設計に関する意思決定や障害対応の記録といったドキュメントをチームで共有し、特定のメンバーに尋ねなければ作業できない状況になること（属人化）を防ぎます。なかなか手が回りにくい作業ですが、各メンバーがチームワークの意識を持って取り組むことが理想です。

●マルチタスク処理

　緊急の問い合わせ、会議への出席依頼など、割り込みタスクが多い職種のため、優先度を適切に判断し、素早く処理できるように自分なりのタスク管理法を確立します。多くのタスクをこなすには、いかに頭を素早く切り替えられるかが肝です。そのために、自分が以前にやった作業、考えていたことのメモなどをすぐに取り出せるよう工夫しています。

●集中力の配分

　さまざまなタスクの中でも、特に設計や開発といった作業にはまとまった時間や集中力が必要です。そうしたときには、出席不要な会議を辞退するなど、強い意志で時間を確保します。また、適度な休憩をとって集中力を維持することも大切です。

●ユーザーおよび他社員とのコミュニケーション

　Aさんにとってのユーザーは、インフラを使う社内のエンジニアです。お互いに困っていたら全力でサポートし合います。また、社内で気軽に情報交換できる関係性を広く築いておくことで、有用な情報や気付きを得ることができます。

●関連技術のキャッチアップ

ネットワークだけに限らず、プラットフォーム（サーバーのOSやハードウェアなど）やネットワークと絡むミドルウェアなど、関連技術について定期的に情報収集をします。

●冷静さと判断力

障害対応など、プレッシャーがかかる場面でも冷静に事象と向き合って解決することが重要です。また、作業が失敗しそうな場合に中止するべきか否か、状況を見極めて判断する力が求められます。

まとめ

- ▶ 既存のネットワークの運用と並行して、新技術の情報収集やマネジメント業務も行う
- ▶ 運用の省力化のため、自動化プログラムの開発にも携わる
- ▶ ネットワークに関わる作業は広範囲なサービスに影響を与えるので、慎重さや判断力が必要
- ▶ 基本的に定時勤務だが、必要なときは早朝・深夜を問わず勤務するため自己管理が大切

14 インフラエンジニアの1日 CASE2

大手のシステムインテグレーターでインフラシステム設計やソリューション開発、プロジェクト支援など幅広い業務を行っているシステムエンジニアを紹介します。インフラ構築の自動化にも力を入れています。

● 大手システムインテグレーターのシステムエンジニア

　株式会社エヌ・ティ・ティ・データでシステムエンジニアとして勤務する高井さんにお話を伺いました。システムインテグレーター（SIer）は、企業や公的機関のITシステム構築から運用までを請け負います。高井さんはクラウド基盤の設計・構築、自社ソリューションの開発、プロジェクト支援、社員教育など幅広い活動をしています。

● 略歴

　同志社大学大学院電子工学科専攻修了。研究や趣味で培ったアプリ開発の経験から、大学院終了後に入社、システムエンジニアとしてのキャリアをスタートします。入社から4年目まで、大規模かつミッションクリティカルなシステム（停止や誤作動が許されない極めて重要なシステム）の運用・保守を経験しました。その傍ら、OSS（オープンソースソフトウェア）のコミュニティ活動に参加し、そこでの開発も経験しています。現在は、自社が請け負うさまざまなプロジェクトで使用されるインフラ構築の自動化ソリューションの開発に携わっています。

● 業務内容

　エンジニアとして高井さんが関わる仕事は大きく2つあります。1つ目は、クラウド基盤の設計・構築業務で、技術メンバーとして設計・構築の方針を担

当者と話し合って決定します。また、決定した方針に従ってプロジェクトメンバーへの指導に当たるほか、進捗状況、課題の管理を行います。

2つ目はインフラ構築の自動化ソリューションの開発とその普及促進活動です。このソリューションはさまざまなプロジェクトに汎用的に使えるもので、ソースコードの開発やテストの傍ら、社内向けセミナーの運営、講師なども担当します。ソリューションに興味を持った社員とは直接話し合う場を設け、プロジェクトへの導入支援も行います。

これら以外に、新入社員の育成も高井さんの仕事の1つです。社内の育成方針に従い日々の業務をサポートします。業務知識以外に「PDCA（Plan、Do、Check、Action）」や「5W1H」など社会人の基本をレクチャーします。

● 1日の仕事内容

高井さんの1日は、チームのスケジュール管理、プロジェクトの進捗確認や課題の検討といったマネジメント業務に多くの時間が割かれています。繁忙日には、それ以外に顧客との打ち合わせや、資料の作成・レビューなどさまざまな業務がぎっしりとスケジューリングされています。なお、現在高井さんは完全に自宅からのリモートワークで勤務しています。

■ タイムスケジュール（通常日）

10:00	業務開始。メール、Slackなどの確認
10:30	チーム内で朝会を実施。メンバーの作業内容を把握し全体のスケジュールを確認
12:00	ランチ。出社時はお弁当、テレワーク時は自炊が多い
15:00	定例のプロジェクト進捗確認
16:00	プロジェクトの課題検討や社内セミナーの準備
18:30	業務終了

■ タイムスケジュール（繁忙日）

時刻	内容
9:30	打合せ資料作成
10:00	自社オフィスでお客様と打合せ。システムの設計方針の提案を行う
11:00	チーム内で朝会を実施。メンバーの作業内容を把握し全体のスケジュールを確認
13:00	チームメンバーの作成した設計資料のレビュー
15:00	開発中ソリューションの開発・試験内容の確認
17:00	チーム内の夕会を実施。進捗や新規課題についての検討を行う
18:00	先輩社員と開発中のソリューションおよび社内セミナー実施の方針を決める
20:00	翌営業日の社内お客様打合せの資料作成
22:00	業務終了

● 仕事のポイント

● タスクを抽象化して理解する

「背景」「なぜこのような指示なのか」「目的は何なのか」「次に何が控えているのか」を理解することで価値の高いアウトプットを生み出せます。

● プロジェクト内で壁を作らない

メンバーの部署が異なっていてもプロジェクトが目指すべき共通のゴールは、お客様の合意のもと無事に製品のリリースを迎えることです。そこで、部署間の連携を密に行うことを心がけています。

● 「キーマン」を把握する

　自分にとって馴染みがない技術がある場合、その技術について高いスキルを
持つメンバーは誰なのか把握し、不明な点は気軽に尋ねることができる関係を
作ります。

まとめ

▷ **エンジニアとしてはクラウド基盤の設計・構築や、インフラ
構築自動化ソリューションの開発に携わる**

▷ **開発業務と並行して社内セミナーの運営、プロジェクトの支
援といった業務も行う**

▷ **仕事のポイントは、タスクを抽象化して理解すること、プロ
ジェクト間の連携、技術面でのキーマンの把握**

15 インフラエンジニアの1日 CASE3

最後は、国内大手のインターネットインフラ企業で、ホスティングサーバーの開発や運用に携わるインフラチームのマネージャーを紹介します。マネジメント業務とともに自分の仕事も担当し、多忙な日々を送っています。

● 物理サーバーを手掛けるインフラチームのマネージャー

　井上さんは、さくらインターネット株式会社でホスティングサーバーによるサービスの運用・開発を行うインフラエンジニアです。現在はインフラチームのマネージャーとしてマネジメント業務をこなす一方、エンジニアとして開発作業にも携わっています。

● 略歴

　工業高校の電気科を卒業後、某システムインテグレーターに就職し、大手企業の社内システム、公共系システムの運用業務やインフラ構築業務を経験します。そこでLinuxサーバーに興味を持ったことから、さくらインターネット株式会社に転職しました。以降、現在まで物理サーバーホスティングサービスの開発・運用業務に携わっています。

　なお、勤務の傍ら北海道情報大学通信教育部システム情報学科に入学、卒業しています。

● 業務内容

　井上さんの仕事は物理サーバーの構築・運用とそのマネジメント業務です。その時々のトレンド技術を取り入れて構築・運用の自動化を推進しています。インフラの管理のほか、インフラ上で稼働するサービスを管理するシステムの運用に携わっています。

● 1日のタイムスケジュール

　井上さんは、開発作業のほか、システムの稼働状況の確認、顧客からの問い合わせへの対応や、チームメンバーのフォローなどエンジニア、マネージャーとして多数の業務をこなしています。短期的な開発と長期的な開発の両立を心がけています。なお、さくらインターネット株式会社では以前からリモートワーク制度を導入していましたが、2020年からリモートワーク前提の働き方に転換し、井上さんもほぼ自宅で勤務しています。

■ タイムスケジュール（通常日）

8:30	システムの稼働状況や作業依頼の確認、お客様からの問い合わせの確認
9:00	夜間のシステム警告の対応 技術的な問い合わせに対する調査と回答
12:00	昼食
14:00	チームメンバーの進捗確認ミーティング 雑談タイム
15:00	メンバーが進める案件のフォロー
16:00	運用機能の開発
17:30	業務終了

■ タイムスケジュール（繁忙日）

8:30	システムの稼働状況や作業依頼の確認、お客様からの問い合わせの確認
9:00	夜間のシステム警告の対応 技術的な問い合わせに対する調査と回答
10:00	サービス提供機器の検証、API開発
13:00	昼食
14:00	チームメンバーの進捗確認ミーティング 雑談タイム
15:00	メンバーが進める案件のフォロー
16:00	開発プロジェクトの進捗確認ミーティング
17:00	追加リクエストへの対応
20:00	業務終了

● 仕事のポイント

●エンジニア業務とマネジメント業務の両立

　ちょっとした相談など、メンバーとのコミュニケーションを大切にしています。リモートワークがメインになってからは、意識的に雑談の時間をとるようにしています。

●プログラミング技術

　インフラを制御するAPI開発のため、Pythonによるプログラミングも行います。

●ユーザーとのコミュニケーション

　サービスを利用するユーザーにヒアリングした結果を、機能開発に取り入れることもあります。

まとめ

- ▸ 物理サーバーの構築・運用業務の傍ら、マネージャーとしてチームメンバーのマネジメントに当たる
- ▸ サーバー構築・運用の自動化を推進しており、Pythonによるプログラミングも行う
- ▸ マネージャーとしては意識的に雑談タイムを設けるなど、メンバーとのコミュニケーションを大切にしている

4章

インフラエンジニアになるには

前章ではインフラエンジニアの働き方や業務内容を説明しました。インフラエンジニアになるにはどのような知識や経験が必要になるのでしょうか。この章では、インフラエンジニアになるまでの道のりのほか、必要なスキルや資格について解説します。

16 インフラエンジニアには知識と経験が必要

インフラエンジニアは、インフラの設計から運用まで幅広い範囲を担当します。実際に稼働するモノを作る職種であるため、座学の勉強だけでは足りません。実地研修やトラブル対応など、実践を通じた経験がエンジニアの糧となります。

● 仕組みと操作をバランスよく身に付ける

インフラエンジニアには、インフラを構成するネットワークやサーバーに関する深い知識が必要です。その知識は、**土台となる仕組みの知識**と**機器の操作の知識**の2つに大きく分けることができます。

前者は、そもそもコンピューター同士がどのような仕組みや仕様で通信しているのかといった知識です。それに対して後者は、ネットワーク機器やサーバーの設定・操作方法などの知識です。

コンピューター通信の仕組みの知識がなくとも、ネットワーク機器の操作方法だけを覚えてしまうことは可能です。また、そうした操作のスキルさえ身に付けてしまえば採用される仕事があるのも事実です。

しかし、機器の操作方法がわかるだけで済む仕事は、インフラエンジニアに求められる仕事のうち、ごく一部にすぎません。インフラの設計ができるようになったり、さまざまなトラブルに対応できるようになったりするためには、やはり、土台となる仕組みの知識が不可欠です。

仕組みや仕様の知識、機器の操作の知識、どちらに偏ってしまっても、インフラエンジニアとして現場で活躍するためには望ましくありません。両者の知識をバランスよく身に付けることが大切です。

■ 土台となる仕組みと機器の操作

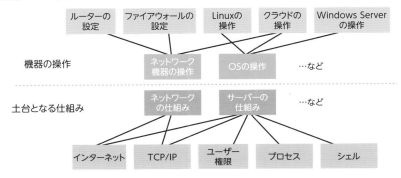

● 実践でしか身に付かないスキルもある

　インフラの運用においては、すべて設計書通りに事が運ぶとは限りません。インターネットサイトの運用を例に挙げれば、予想外の人気によって、設計上は想定していない通信量が集中して発生することもあります。また、予期せぬタイミングでサーバーやネットワーク機器が故障し、通信が遮断してしまうこともありえます。このような通常運用の範囲を超えた事態をも見越してインフラを設計・構築するためには、たくさんの実践的な経験が必要です。

　最近では、ベストプラクティスと呼ばれる知見が書籍などにまとめられていますが、やはり実体験しないと身に付かないこともたくさんあります。したがって、インフラエンジニアとして業務にあたるようになってからも、さまざまな事態への対処を通して知識や技術を継続的に身に付けていく必要があります。

まとめ

▷ 土台となる知識と機器の操作をバランスよく身に付けることが大切

▷ 想定外のトラブルへの対応など、実践でしか身に付かない知識や技術もある

17 インフラエンジニアに必要なスキル

インフラの中心となるのはネットワークとサーバーです。これらの基礎知識が必要なのはもちろん、機器固有の設定方法など、具体的な操作方法の習得も必要です。またセキュリティに関する最低限の知識も必要とされます。

● TCP/IPの知識

　インターネットやLANなど、近年のネットワークのほとんどでデータの送受信に使われているのが**TCP/IP**と呼ばれる通信方式です。

●通信の方法を定める TCP/IP

　TCP/IPは、インターネットやコンピューター・ネットワークにおいて使われている**通信プロトコル**です。プロトコルとは簡単にいえば「コンピューター同士が通信するときの決まりごと」です。人間同士の会話が成立するのは、双方が理解できる同じ言葉を使っているからです。もし一方が理解できない言語で話したとすれば意思の疎通ができません。同じように、コンピューター同士の通信でもデータを相互にやりとりするためには、その手順や規格を決めておくことが必要です。

　コンピューター同士の通信では、非常に多くの決まりごとが必要となります。そうした多くの決まりごとを、データ通信のレベルに応じた階層構造で表現したのがTCP/IPです。最下位層では電圧や配線などの物理的な規定を、最上位層ではアプリケーションが実際にデータを送受信する方法を規定するといった具合です。TCP/IPの全領域を習得しようとすると、とても時間がかかりますし、業務においてすべての領域の知識が必要とされるわけではありません。携わる分野によってはまったく関わることのない領域もあります。

　したがって、すべてのインフラエンジニアが知っておくべき基礎と、自分が担当する分野を見極めて、効率良く習得していくのがよいでしょう。

■ TCP/IP で必須の基礎知識と、各分野で必要な知識を習得する

各分野の知識	Web(HTTP)	メール (SMTP、IMAP4、POP3)	ドメイン名(DNS)	…など

基礎知識	TCP・UDP の通信
	IP アドレスなど
	ハブなどを使った配線
	物理的な回線(光ファイバ、LAN ケーブルなど)

● TCP/IP の知識は陳腐化しない

　TCP/IP は歴史の古い規格です。今日のインターネットを形づくる規格とし
て広く定着しており、その構造や概念が一新されることはほぼないでしょう。
なぜならば、もし規格が変われば、従来から使われている膨大な数の機器と新
しい機器の間の通信ができなくなってしまうからです。そのため、TCP/IP に
ついて身に付けた知識が陳腐化して無駄になるということはありません。また、
新しい技術が出現しても、それは基本的に TCP/IP の構造を踏まえたものです。
基礎知識が理解できていればキャッチアップは容易です。

◉ ネットワーク機器に関するスキル

　サーバーとともにインフラを構成する要素が、さまざまなネットワーク機器
です。こうした機器の設定方法は、同じ役割の機器であってもメーカーや機種
によって大きく異なります。そのため、各機器固有の操作や設定方法を知って
おかなければなりません。

　業界で高いシェアを占めているのが、シスコシステムズ社のネットワーク機
器です。どのようなネットワーク機器を扱うかは現場やプロジェクトによって
さまざまですが、業界標準ともいえるシスコシステムズ社の機器の操作や設定
は、Web サイトや書籍などから情報を仕入れて、押さえておくべきでしょう。

　また、これらの機器は常に進化しているため、新しい機器の情報を習得する
こともインフラエンジニアの仕事の一部です。

● サーバーに関するスキル

　インフラの構築作業において、インフラエンジニアが最初に手がけるべき仕事は、サーバーにOSをインストールし、初期設定するまでの工程です。そのため、サーバーの基本的な操作方法を知っておかなければなりません。また、サーバーのデータやログなどのバックアップに関する設定を担当するケースも多いため、基本操作だけでなく、こうしたサーバー管理業務についても、ある程度知っておかなければなりません。

　サーバーでよく使われているOSは、LinuxとWindows Serverに分けられます。Linuxはサーバー OS の中でもっともシェアが高く、さまざまな用途、幅広い規模のシステムで使われています。Windowsは基幹系システムと呼ばれる、企業の業務の根幹を支えるシステムなどを中心に使われています。担当する案件によってどちらか、もしくは両方について習得する必要があります。

　OSはしばしば開発元によるアップデートが行われます。アップデートにより、OSの基本的な仕組みや操作が大きく変わることはありませんが、操作コマンドや設定方法、そして、ときにはセキュリティやパフォーマンスの観点から、いままで常識だった構成が推奨されなくなることもあるので、最新の知識をキャッチしておく必要があります。

● セキュリティに関するスキル

　インフラエンジニアはITセキュリティに関する専門家ではありませんが、システムに対する外部からの攻撃やデータ漏洩といったリスクについては、ある程度の知識が必要です。

　具体的には、「社外からの接続を許さないような接続制限を設ける」「通信を暗号化する構成とする」「攻撃を試みていると思われる接続の検知」など、ネットワークに関するセキュリティ対策は、インフラエンジニアの担当範囲です。

　一方、「アプリケーションにおけるユーザーの認証」「アプリケーションへのログイン」などは、OS固有の機能やアプリケーションのプログラムの問題なので、インフラエンジニアが担当することはないでしょう。

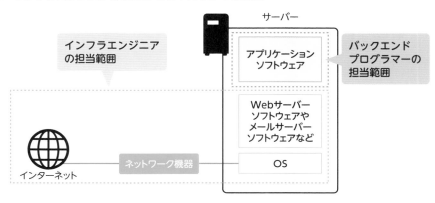

● クラウドに関するスキル

昨今、インフラのクラウド化が進んだことにより、インフラエンジニアにもクラウドの知識が求められるようになりました。具体的にはクラウドサービス各社が開発したツールやSDK（ソフトウェア開発キット）などを扱うスキルを身に付けることが求められます。

まとめ

▫ **TCP/IP の知識は必須**

▫ **ネットワーク機器は業界標準であるシスコ社の機器の操作を押さえておく**

▫ **サーバーはLinux の習得を基本とし、必要に応じてWindows Server についても学ぶ**

▫ **ネットワークのセキュリティ対策やクラウドについても必要な知識を持っておく**

18 インフラエンジニアに関連した資格

インフラエンジニア向けの資格はさまざまあります。こうした資格の取得は、就職の上でメリットとなるのはもちろん、基礎的な知識を包括的に習得するのにも役立ちます。代表的ないくつかの資格試験を紹介します。

◉ 情報処理技術者試験

　情報処理技術者試験は、IPA（独立行政法人情報処理推進機構）が実施している国家試験で「情報処理技術者としての『知識・技能』が一定以上の水準であることを認定」するものです。有効期限はなく、一度取得すれば永年有効です。情報処理技術者試験は複数の試験区分から構成されます。インフラエンジニアに特に関係するのが次の2つの試験です。

●ネットワークスペシャリスト試験

　インフラエンジニアやネットワークエンジニアを目指す人を対象とした試験です。ネットワークの固有技術やサービス動向など幅広い範囲から出題され、実際の業務にも役立つことから、多くの企業で取得が推奨されています。難易度は高めながら、インフラエンジニアとしての就職や転職に有利な資格といえるでしょう。

●情報処理安全確保支援士試験

　こちらも難易度の高い試験ですが、セキュリティに関する知識をしっかりと身に付けたい場合には取得をお勧めします。合格後、IPAに登録申請し情報処理安全確保支援士（登録セキスペ）という国家資格を取得すれば、セキュリティ分野のスペシャリストとしての道も開けます。

■ 情報処理技術者試験の構成

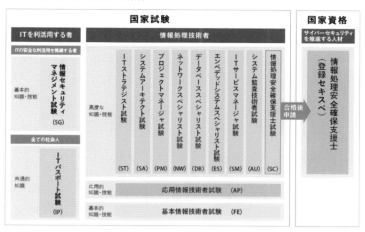

IPA 情報処理推進機構のウェブページより抜粋
(https://www.jitec.ipa.go.jp/1_11seido/seido_gaiyo.html)

●基本情報技術者試験／応用情報技術者試験

　「インフラエンジニアになりたいけれど、ほとんど知識を持っていない」という場合は、まず基本情報処理者試験、および応用情報技術者試験の取得を目指すとよいでしょう。インフラに限らず、IT業界でエンジニアとして働くなら持っておくと就職において有利です。また、コンピューターやネットワークの基礎的な知識の習得にも役立ちます。

● 民間試験

　IPAが実施する情報処理技術者試験などに対して、ソフトウェアやハードウェアのメーカー（ベンダー）、業界団体などが主催する**民間試験（ベンダー試験）**もあります。インフラ分野ではOSやネットワーク機器、クラウドなどについて、各社によるさまざまな民間試験があります。こうした試験は、製品が更新されることから資格取得後の有効期限があります。

● CCNA などのシスコ技術者認定

　ネットワーク機器の最大手、シスコシステムズ社が主催する技術者認定試験が、**CCNA（Cisco Certified Network Associate）**です。ネットワーク業界では広く知られ、ネットワークおよびシスコシステムズ社の製品についての基礎知識を証明することができる資格です。さらに上位のCCNP、CCIEという資格もあります。

■ シスコの技術者認定試験

● LPIC と LinuC

　Linux技術者の認定試験として、LPI（Linux Professional Institute）が主催する**LPIC（エルピック）**があります。LPICは民間資格ですが、特定のベンダーの技術に依存しないベンダーニュートラル資格です。また、世界共通の認定基準で試験が実施されるため、日本国外でも有効な資格です。

　これに加え、LPI-Japanが主催する**LinuC（リナック）**という試験もあります。こちらは日本独自の認定試験で、クラウドの領域も出題範囲に含まれるのが特徴です。

■ LPICの試験構成

LPIC-3 エンタープライズ混合環境	LPIC-3 エンタープライズセキュリティ	LPIC-3 エンタープライズ仮想化と高可用性
LPIC-2		
LPIC-1		

LinuCレベル3 Mixed Environment	LinuCレベル3 Security	LinuCレベル3 Virtualization & High Availability
LinuCレベル2		
LinuCレベル1		

4

インフラエンジニアになるには

● AWS や Google Cloud、Azure などのクラウド試験

　AWSやGoogle Cloud、Microsoft Azureなどのクラウドコンピューティングサービスのベンダーも認定試験を実施しています。特にAWS認定ソリューションアーキテクトは、AWSの人気と相まって取得を目指す人が多い認定試験です。

資格・試験名	試験の種類	難易度
AWS認定ソリューション アーキテクト	クラウドプラクティショナー	初級
	アソシエイト	中級
	プロフェッショナル	上級
Google Cloud認定資格	アソシエイト認定資格	初級
	プロフェッショナル認定資格	上級
Microsoft Azure 認定試験	Azure Fundamentals	初級
	Azure Developer Associate	中級
	Azure Administrator Associate	中級

まとめ

- ▶ ネットワークスペシャリスト試験は基礎知識の習得に役立つ
- ▶ LPIC や LinuC は Linux についての知識を証明できる
- ▶ ネットワーク機器の資格ならシスコシステムズの CCNA
- ▶ クラウドを扱う場合はクラウドベンダーが認定する資格も視野に入れる

19 インフラエンジニアに なるには
～学生の場合～

インフラエンジニアになる道のりは、学生なのか社会人なのか、ITエンジニアかそうでないかなどによって変わります。学生の場合は、インフラを開発する企業の新卒採用を目指すことが一番の近道です。

● 書籍で基礎を学び、実際に動かしてみる

●ネットワークやOSを書籍などで勉強

　まずはネットワークやサーバーOSについて書籍などで勉強しましょう。ネットワークに関してはまずはTCP/IPの入門書を読みましょう。OSに関しては、Linuxの入門書など、OSのインストールから始まり、簡単なコマンド操作、そして最終的にはWebサーバーなどを構築するような流れのものを一冊用意するとよいでしょう。

■ ネットワークとOSについて勉強する

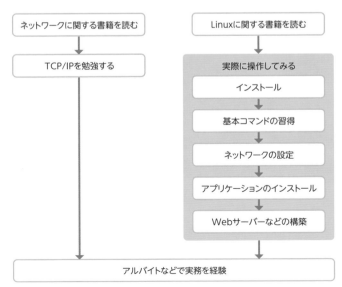

●操作の学習にはクラウドを活用

　インフラの学習では書籍での勉強と合わせて、実際にサーバーやネットワークに触れてみることが大切です。中古のサーバーやネットワーク機器を買ってきて操作してみると一番勉強になります。もっと手軽な方法としてはAWSやGoogle Cloud、Azureなどのクラウド環境で勉強するという選択肢もあります。クラウドならば、手元のパソコンでブラウザーから仮想化サーバーやネットワークなどを構築できるため、サーバー機器やネットワーク機器を用意しなくてもいろいろな構成を試すことができます（クラウドについて詳しくは第5章で説明します）。

　まずは、クラウド上で1台のLinuxサーバー構築し、そこでさまざまな操作をしてみましょう。もし操作を間違ってしまっても、サーバーを削除してやり直せるのがクラウドの利点です。さらに規模の大きいインフラの扱いを勉強したければ、費用はかかりますがサーバーの台数を2台、3台と増やしたり、ネットワークの構成を変更したりすることで、ひと昔前ならば個人では用意できなかった規模のインフラを試せます。

●アルバイトやボランティアで経験を積む

　インフラ構築では、ときには何十台・何百台という機器をセッティングしなければならない場面があり、そのためのアルバイトを募集していることもあります。また展示会やイベントなどで、ネットワーク周りのボランティアスタッフを募集していることもあります。実際に現場でインフラに触れる経験を積むことでステップアップできるはずです。

> ## まとめ
>
> ▷ まずは書籍でネットワークとOSの知識を習得する
> ▷ 実際の操作や設定の学習にはクラウドを活用するとよい
> ▷ インフラ構築や運用のアルバイト、ボランティアで経験を積めるとベスト

20 インフラエンジニアに なるには
～ITエンジニアの場合～

すでに他分野のITエンジニアであるなら、現在のスキルを元にインフラエンジニアとして必要なスキルを補いましょう。まずは各機器の設定や機能など小さなところから学び、次第にインフラ全体を設計できる力を身に付けていきましょう。

● 実際の機器に着目する

　ITエンジニアの場合、仕事の一環としてインフラに触れる機会は多く、現在の業務を通じて習得できる要素も大きいでしょう。

　まずは設計書からインフラ設計の意図や細部を読み取るところからはじめましょう。例えばそれぞれのサーバーの役割、2台以上のサーバーに処理を分けている負荷分散装置（ロードバランサー）の意味、Webサイトのキャッシュを保存しているCDN（Content Delivery Network）の配置、ドメイン名とIPアドレスを変換するDNSサーバーの設定などです。

　こうした項目は、ネットワーク構成図や表の形で記載されており、インフラエンジニアはそれに従って設定を行います。設計書に書かれている構成や機能を、具体的にどのようなOSやソフトウェア、機器を使い、どのような設定で実現しているのか掘り下げて探ってみましょう。

■ 設計書に書かれた仕様をどのように実現しているのか探る

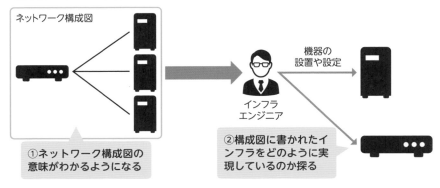

ネットワーク構成図

①ネットワーク構成図の意味がわかるようになる

インフラエンジニア

機器の設置や設定

②構成図に書かれたインフラをどのように実現しているのか探る

● 小さな範囲から

　他分野のITエンジニアがインフラエンジニアになる場合は、今持っている知識を土台として、さらに視野を広げてみましょう。例えば、サーバーのセットアップ、OSのインストール、ネットワーク設定の変更、機器のバックアップなどはすでに業務の一部として経験している人も多いでしょう。こうした1つ1つについて知識の幅を徐々に広げながら、インフラの全体像を見渡せるようになりましょう。

● 設計力を身に付ける

　現在サーバーやネットワーク機器などの設定を一部担当しているITエンジニアであれば、すでにインフラエンジニアへの一歩を歩みはじめているともいえます。そして、インフラエンジニアとして独り立ちするためには、**設計の力を身に付けましょう**。そのためには、ネットワークやサーバーについて基礎的な原理や仕組みをしっかり理解することが不可欠です。

　さらに力を付けるには、大規模システム運用の経験が欠かせません。小規模システムのインフラと大規模システムのそれとでは、扱うデータ量などがまったく違うため、小規模インフラのノウハウが通用しないこともあります。業務で大規模システムの運用に携わる機会があれば、インフラエンジニアとしてステップアップする大きなチャンスとなるでしょう。

まとめ

- ▶ 現在の業務の延長上で、インフラ設計について掘り下げる
- ▶ 自らインフラ設計ができる力を身に付けるために、基礎的な仕組みの再勉強が重要
- ▶ 大規模システムのインフラ運用はインフラエンジニアとしてステップアップできる機会

21 インフラエンジニアになるには
～非エンジニアの場合～

社会人でIT業界未経験の人がインフラエンジニアになるには、まず資格を取るなどして現場に入り込むことが大切です。現場に配属されたらそこで経験を積んで、設計まで担当できる強いエンジニアにステップアップしましょう。

● 機器設定とOS操作を身に付ける

　インフラ業界では、実際に機器の設定やOS操作をする人手がもっとも不足しています。インフラ構築ではときに数十、数百台から数千台にのぼるネットワーク機器やサーバーをセットアップしなくてはなりません。最近では自動化が進んだとはいえ、まだまだ人手に頼る部分は多く、トラブル発生時の対処はやはり人間の目と手が必要です。こうした人手が圧倒的に足りないのが現状なのです。

　そのため、機器の設定やOSの操作がある程度できる人はそれだけで優遇され、インフラを扱う現場で働くことができます。LPICやLinuCといったLinuxの資格や、CCNAなどネットワーク機器の資格を持っているとさらに有利です。

■ 機器操作とLinux操作ができれば仕事に有利

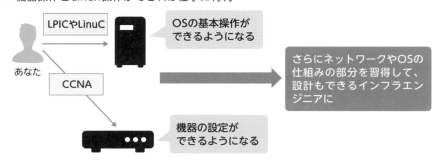

● 運用を極めるか設計にシフトするか

　インフラ業界に入ることができたあとは、さらにさまざまな勉強をし、できる仕事の幅を増やしていきましょう。

　このとき道が2つに分かれます。1つは運用を極める道です。運用の中でも、構築の効率化のために自動化プログラムを作成するなど実務のスキルを磨く、あるいは障害発生時の対応フローの整備などマネージャー寄りのスキルを高めるというようにいくつかの方向性が考えられます。そして、運用ではなく設計にシフトする道もあります。特定の機器やOSなどのスキルを極めるのではなく、ネットワークやサーバー全般の仕組みを幅広く習得することで設計の力を身に付けていきます。

■ 運用の道を極めるか、設計の道に進むか

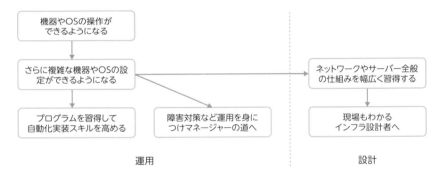

✎ **まとめ**

- ▷ **機器やOSの操作を習得し、まずはインフラを扱う現場に入ることを目指す**

- ▷ **運用を極めるか設計の道にシフトするかでキャリアが分かれる**

- ▷ **運用の道を進むなら実務のスキルを磨いていくほか、マネージャー的な立場を目指す方向性もある**

- ▷ **設計の分野にシフトするならばインフラ全般の幅広い知識を身に付ける**

22 インフラエンジニアに なったら

インフラエンジニアとして運用を極める道、設計の方向にシフトする道、いずれを選ぶにしても、過去の実例などの情報を収集することと、基礎的な知識を確実に押さえておくことの両方が大切です。

● 運用の道と設計の道

　運用においては、機器やOSに対して正確な知識を持ち、日々の運用はもちろん障害が発生した局面でも、高い精度で迅速に対応できることが求められます。そのためには「確実で安全な手法」を知っておく（ときには予行練習しておく）ことはもちろん、イレギュラーな事態への対応も想定し、備えておく必要があります。例えば、復旧までにかかる時間の予測や、最悪の場合起こりうる事態の把握などです。

　対して設計においては、どのような要求を満たさなければならないのか、どんな障害が発生しうるかといったことを検討したうえで、適切な機器やソフトウェアの構成を決めるのが仕事です。そのためには、規模や用途に合わせた、設計のバリエーション、機器の組み合わせなどの慣例を知っておく必要があります。また、インフラの運用ではあらゆる事態が起こりうるので、設計時に広く想像力を働かせることが要求されます。とはいえ1人の想像力には限界があります。それを補うために、過去に起きた事故から学んでいく姿勢も大切です。

■ 運用と設計で、それぞれ求められること

運用で必要なもの

| 設定方法やコマンド | 構築のノウハウ・手順のテンプレート化 |

トラブル時の迅速な復旧策

設計で必要なもの

性能の計算の仕方

適切な性能の検討

起こりうる障害と影響範囲の想定

● 情報収集しよう

　インフラの設計は、経験がものをいう面が強いといえます。実務ではさまざまな事例に直面しますが、それでも経験できることには限りがあります。そのため、多くのエンジニアが過去に経験してきた成功事例・失敗事例の情報を集めることがとても大切です。

　先人の経験の蓄積から考案された典型的な設計例をまとめたものを**デザインパターン**といい、書籍として出版されているほか、インターネットで公開されているものもあります。このほか、ベンダー企業などが技術や製品の解説や導入事例をまとめた**ホワイトペーパー**、問題解決や開発の成功例をまとめた**ベストプラクティス**は情報の宝庫です。これらを使わない手はありません。

● 基礎をおろそかにしない

　経験の積み重ねがものをいう一方で、あくまで基本的な原則に沿う部分が多いのもインフラという分野の特徴です。例えば、ネットワークの転送速度、1台のサーバーで捌けるユーザー数、サーバーの故障率や稼働率などは、すべて計算式で求められます。インフラを設計する際は、こうした計算式で求められる理論的な値に対し、どれだけ余力を持たせるかを検討してサーバーやネットワークのスペックや冗長性を決めます。

　理論的な値を求めるには、ネットワークの帯域や通信速度、レイテンシー（遅延時間）を把握するほか、機器を直列に接続した場合、並列に接続した場合それぞれの故障率、そこから算出される稼働率など、原理的な知識を持っていることが不可欠です。そういった意味で基礎をしっかり身に付けておくことはとても大切です。

● プログラミングでさらに強く

　インフラエンジニアは、プログラミングの知識を身に付けることで、さらに強くなれます。特に最近では、管理する機器やサーバーの数が増えているので、キッティング作業や、そのほかソフトウェアのインストールや設定、監視、障

害発生時の復旧など、あらゆる作業で自動化が不可欠です。こうした自動化のため、何らかのプログラミング言語を習得することをおすすめします。とはいえインフラエンジニアが書くプログラムは、あくまで作業の自動化という限定された目的なので、アプリケーション開発のような高度なプログラミングスキルは必要ありません。規模としては数十から長くても200〜300行のプログラムに限られるでしょう。

　Linuxであればシェルスクリプト（bash）、Windowsであればバッチファイル（.bat、.cmdファイル）やPowerShellといった、サーバーOSを操作するスクリプト言語を学ぶといいでしょう。さらにPythonやGoといった言語も少し扱えると重宝されます。

■ 自動化のためなどにプログラムを作ることもある

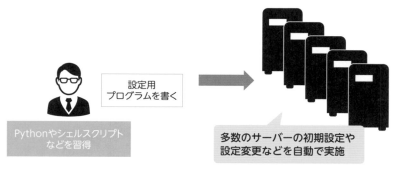

設定用
プログラムを書く

Pythonやシェルスクリプト
などを習得

多数のサーバーの初期設定や
設定変更などを自動で実施

まとめ

▷ 運用においては実績がある方法の知識と突発事態への対応力の両方が必要

▷ 設計においては慣例の知識とあらゆる事態を想像する力が求められる

▷ デザインパターン、ホワイトペーパー、ベストプラクティスなどの先人によって蓄積された情報を活用する

▷ プログラミングの知識も身に付けることが望ましい

5章

インフラの概要

本章ではより技術的な観点からITインフラについて解説します。インフラを構成する要素はハードウェアからソフトウェアまでさまざまです。近年ではクラウド技術の進歩により、従来の常識を覆すようなインフラのあり方も出てきました。

23 インフラエンジニアの業務範囲

ひとことでインフラといっても、その範囲は多岐に渡ります。インフラエンジニアが扱う範囲には、どのようなものがあるかを整理し、それらを扱うために必要な知識を確認しておきましょう。

● 物理的な要素

インフラを構成する物理的な要素は主に、サーバー、ネットワーク機器、そしてそれらを接続するケーブル類です。こうした機器類のすべてをインフラエンジニアが管理します。ケーブルについては、ネットワーク機器やサーバーに付いているポートへの抜き差しのみならず、フロア内の敷設工事もインフラエンジニアが担当することがあります。ただし、配線するケーブルが多い場合には専門の業者に依頼することがほとんどです。

■ インフラの構成例

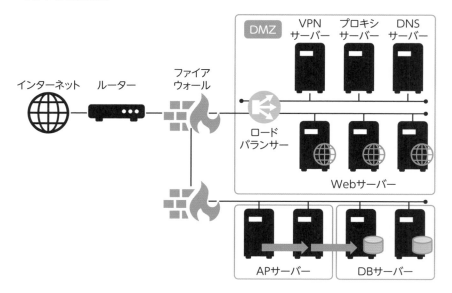

● 通信プロトコル

　インフラエンジニアとして仕事をスタートするにあたっては、まず通信プロトコルについて理解しておく必要があります。

　コンピューターネットワークでは、プロトコルと呼ばれる規約に従ってコンピューター同士が通信しています。異なるコンピューターやネットワーク同士で間違いなく通信を行うために、電気の強さや電気信号の変換方法といった機械レベルの仕様はもちろん、電子メールを指定のアドレスまで送り届ける方法や、Webのデータをブラウザで正しく表示させるためのアプリケーションレベルの取り決めなど、細々としたプロトコルが必要となります。

　こうしたプロトコルがネットワークやメーカーごとにバラバラに決められていると、特定のネットワーク内や同一メーカーのコンピューター同士の通信は可能でも、世界中のネットワークを接続するインターネットのような通信は不可能です。コンピューターネットワークが進化するにつれ、当初は特定のネットワークやメーカーが内々に決めていたプロトコル群（プロトコルスイート）は廃れ、場所やメーカーを限定せずに幅広く通信を行うためのプロトコルスイートが取り入れられるようになりました。

● TCP/IP

　現在、インターネットをはじめとして広く用いられているプロトコルスイートは **TCP/IP** です。概念的には4つの階層から構成されており、下位からネットワークインターフェース層、インターネット層、トランスポート層、アプリケーション層があります。通信に使用するネットワーク機器やアプリケーションは、TCP/IPのそれぞれの層のプロトコルに準拠して製造・開発が行われるため、メーカーの違いなどを意識することなく通信が行えるというわけです。

■ TCP/IPの階層

アプリケーション層	アプリケーションごとに必要な機能の規定。HTTP、FTP、SMTP、POP3、SSH などのプロトコルを使用
トランスポート層	データ転送の管理を行うための規定。TCPまたはUDPというプロトコルを使用
インターネット層	ネットワーク同士の通信を行うための規定。代表的なプロトコルはIP
ネットワークインターフェース層	隣接する機器までの通信を行うための規定。LANはイーサネット、WANはPPPが代表的なプロトコル

●イーサネット

　TCP/IPの最下層、ネットワークインターフェース層の階層の代表的なプロトコルは**イーサネット**です。イーサネットは、端子（コネクタ）の形状やケーブルの仕様、信号の形式などを定めた物理的な規格と、コンピューター同士がデータをやりとりする仕組みから構成されています。有線LANのほとんどはイーサネットを使用しています。それに対し、無線LANの規格としてはWi-Fiがあります。

○ サーバーのキッティング

　インフラエンジニアにとって、オフィスで新たにサーバーを設置したあとのキッティング（P.33参照）は重要な業務です。OSをインストールし、サーバーを操作する管理者のユーザー名やパスワードを設定して、アカウントを作ります。アカウントは、ユーザーを識別するID（ここではユーザー名）と認証情報（ここではパスワード）の組み合わせからなります。

　さらに、多くの場合は設定中に第三者がサーバーに不正侵入しないようにするため、設定中の管理PC、もしくは社内LANなど許可されたネットワークからしか接続できないよう、ファイアウォールを設定します。このような対策をとったあとなら、データセンターに置かれているサーバーを直接操作せずに、ネットワーク経由で遠隔から管理者アカウントでログインし、設定作業などを行えます。ここまでできたら、キッティングは完了です。

● サーバーで動作するソフトウェアのインストール

　キッティングのあと、どこまでの作業をインフラエンジニアが担当するのか
は会社や現場によって異なりますが、サーバーとしての基本機能を提供するソ
フトウェアのインストールまでを担当することがほとんどです。Webサーバー
ならWebサーバーソフトウェア、メールサーバーならメールサーバーソフト
ウェアをインストールします。

　ここまで完了したら管理者アカウント、もしくは一部操作を制限したアカウ
ントを、アプリケーションソフトウェアを担当するバックエンドプログラマー
などに渡します。

　なお、サーバーを使用するユーザーの管理もインフラエンジニアの仕事の一
部です。管理者ユーザーの管理はもちろん、開発者それぞれに作業用のアカウ
ントを発行することも必要です。

■ サーバーに対してインフラエンジニアがやるべきこと

● セキュリティと監視

　構築したインフラが問題なく稼働しているかを日々管理するのも、インフラ
エンジニアの大切な仕事です。

　適切なセキュリティの対策を施すことはいうまでもありませんが「誰がいつ
何にアクセスしたか」などを記録する各種**ログ**の設定も不可欠です。昨今のシ
ステムでは、アクセス数の増加からログも膨大な量になり、不正アクセスの見
極めが難しいことから、AI（機械学習）を使って解析することもあります。

また、サーバーの監視も欠かせません。定期的にサーバーにアクセスして応答があるかどうかを確認する**死活監視**をはじめ、サーバーの負荷やネットワークを流れるデータの量、ディスク残量などの監視を行います。異常と思われる領域に達した場合は、担当のインフラエンジニアにメールや電話などで通知する仕組みも導入します。

■ セキュリティと監視

● クラウド時代のインフラ

　最近ではインフラの構築にクラウドサービスを使うことも多くなりました。クラウドでは、仮想化技術によりサーバーマシンやネットワーク機器をソフトウェア上に展開して構成しています。そのため、ブラウザからクラウドの管理ページにアクセスして操作すれば、即座に必要なサーバーやネットワーク機器を構築することができます。

　仮想化技術によりソフトウェア化されているだけで、従来の物理的なサーバーやネットワーク機器と動作や設定項目は同じですが、物理的な機器の設置や配線をせずに、ブラウザからクリックひとつで操作できるという点においては、インフラエンジニアの作業を大きく減らせます。例えば、AWSでは次のような画面で操作するだけで、サーバーやネットワーク機器を構築することができます。

■ AWSのAMI（OSなどのテンプレート）選択画面

まとめ

▶ インフラの物理的な構成要素は主にネットワーク機器、サーバー、ケーブル類

▶ コンピューター同士の通信はプロトコルと呼ばれる規約に従って行われる

▶ TCP/IPはインターネットをはじめとしたネットワークで用いられるプロトコルスイート

▶ ユーザー管理や監視などの運用管理もインフラエンジニアの業務の一部

24 サーバーとクライアント

そもそもサーバーとは何でしょうか。サーバーは、Webやメールなど、何らかの機能を提供するコンピューターのことです。また、サーバーが提供する機能を利用するコンピューターをクライアントといいます。

● クライアントサーバーシステム

インターネットでWebページを見たり、メールを送受信したりできるのは、Webページやメールの送受信を行う機能を提供するコンピューターやソフトウェアがインターネット上に存在するからです。こうした機能のことを**サービス**といい、サービスを提供するコンピューターやソフトウェアのことを**サーバー（Server：提供者）**といいます。

対して、サーバーが提供するサービスを利用する側を**クライアント（Client：顧客）**といいます。Webでは、パソコンやスマホのような端末およびWebブラウザがクライアントです。

サーバーは、Webブラウザからのリクエスト（要求）に応じてHTMLファイルのデータや、何らかの処理結果をクライアントに返します。このように、クライアントとサーバーで構成されているコンピューターシステムのことを**クライアントサーバーシステム**といいます。

■ クライアントサーバーシステム

クライアント　　リクエスト　→　HTMLのデータや処理結果　←　サーバー

クライアントサーバーシステムが使われるのはインターネットに限らず、オフィスなどのLANや、企業の業務システムにも用いられます。インフラエンジニアは、主にサーバーやサーバー側のネットワークの構築や運用を担当します。

なお、ここでいうサーバーとクライアントとは、あくまでネットワーク上でのコンピューターの役割のことで、ハードウェアの種類のことではありません。従って、パソコンをサーバーとして使うこともできますが、業務用途のサーバーは高負荷の処理に耐える専用機を使うことがほとんどです。

● サーバーソフトウェア

　サーバーには、提供するサービスによって各種のサーバーソフトウェアをインストールします。Webで用いられるものとしては、Webサーバーソフトウェア、Webアプリケーションサーバーソフトウェア、DBMS（P.116参照）などがあります。こうしたサーバーソフトウェアがインストールされたコンピューターをそれぞれ、Webサーバー、Webアプリケーション（またはAP）サーバー、DBサーバーと呼びます。

■ 異なるサービスを提供するサーバー同士の連携

クライアント　　リクエスト　　HTMLのデータや処理結果　　Webサーバー　Webアプリケーションサーバー　DBサーバー

まとめ

- ▶ サーバーとは機能を提供するコンピューターのこと
- ▶ サーバーが提供する機能を利用するコンピューターをクライアントという
- ▶ サーバーとクライアントで構成されるコンピューターシステムを、クライアントサーバーシステムという
- ▶ サーバーには、提供するサービスに応じたサーバーソフトウェアをインストールする

25 IPアドレス

TCP/IPを使ったネットワークでは、通信するすべての機器にIPアドレスと呼ばれる番号を割り当て、その番号で相手を判断します。インターネットからアクセスされるサーバーにはグローバルIPアドレスを設定します。

● IPアドレスで通信相手を特定する

　TCP/IPネットワークでは、サーバーやパソコン、スマホ、ゲーム機、ネットワーク機器など、接続されているすべての端末を**ホスト**と呼びます。

　それぞれのホストには、**IPアドレス**と呼ばれる番号を割り当てます。IPアドレスは、ネットワーク上の個々の機器を識別するいわば電話番号のようなもので、ほかの端末と重複しないように設定します。現在多く使われている**IPv4**（コラム参照）と呼ばれるプロトコルの場合、IPアドレスは「192.168.255.255」のように表記します。2進数に変換すると「11000000.10101000.11111111.11111111」で、8ビットの数値を4つ組み合わせて32ビットで表現します。機器によっては複数のIPアドレスを設定することもあります。

■ IPアドレスでホストを識別する

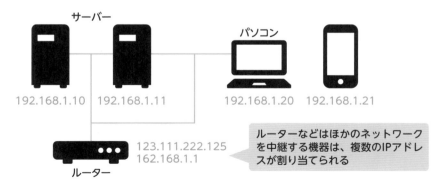

サーバー　　　　　　　　　　　　パソコン

192.168.1.10　192.168.1.11　　　192.168.1.20　192.168.1.21

123.111.222.125
162.168.1.1

ルーター

ルーターなどはほかのネットワークを中継する機器は、複数のIPアドレスが割り当てられる

IPv4アドレスとIPv6アドレス

IPアドレスには、IPv4のほかにIPv6アドレスというプロトコルがあります。

IPv6は、インターネットの急激な普及により枯渇が危惧されるIPv4アドレスの後継規格です。32ビットで表されるIPv4に対し、128ビットに拡張されたIPv6では格段に多くのIPアドレスを利用できます。IPv6に対応するプロバイダも増えており、スマートフォンではIPv6が利用されていることもあります。

IPv6とIPv4は互換性がなく、IPv6にIPv4の機器は接続できません。そのため、IPv6を使う場合はIPv4アドレスとIPv6アドレス両方の設定をします。

5

インフラの概要

● グローバルIPアドレスとプライベートIPアドレス

IPアドレスはネットワーク上の個々の機器を特定するための番号なので、複数の機器で重複する番号は利用できません。LANのような、閉じられた範囲内で運営されるネットワークでは、IPアドレスは重複しない限り自由な番号をネットワークの管理者が割り当てることができます。これを**プライベートIPアドレス**（またはローカルIPアドレス）と呼びます。一方、インターネットに接続する場合のIPアドレスは、プロバイダなどインターネットへの接続を提供する事業者から割り当てられる**グローバルIPアドレス**（クラウドではパブリックIPと呼ばれることもあります）を使います。

■ グローバルIPアドレスを使う

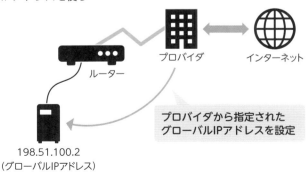

ルーター

プロバイダ

インターネット

プロバイダから指定された
グローバルIPアドレスを設定

198.51.100.2
（グローバルIPアドレス）

● NATとプライベートIPアドレス

IPv4アドレスは8ビットの数値4つの組み合わせなので、理論上は約43億通りしかありません。つまり全世界の人口よりも少ない、限りある資源といえます。そのため、すべてのネットワーク機器にグローバルIPアドレスを割り当てることはできません。そこで、LAN上の複数の機器をインターネットに接続する場合、プライベートIPアドレスを持つ各機器は、ルーターに割り当てられた1つのグローバルIPアドレス共有してインターネットに接続するようにします。このとき、プライベートIPアドレスとグローバルIPアドレスを相互変換するために**NAT（Network Address Translation）**や**IPマスカレード**と呼ばれる仕組みを使います。この仕組みは、ルーターなどのネットワーク機器に内蔵されています。

■ 1つのグローバルIPアドレスを共有する

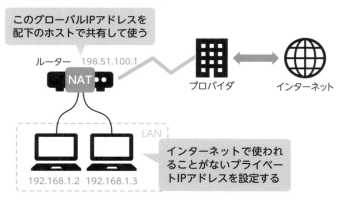

このグローバルIPアドレスを
配下のホストで共有して使う

ルーター　198.51.100.1

NAT

プロバイダ　　インターネット

LAN

192.168.1.2　192.168.1.3

インターネットで使われることがないプライベートIPアドレスを設定する

●プライベートIPアドレス

グローバルIPアドレスは、ICANN（Internet Corporation for Assigned Names and Numbers）という非営利組織がトップに立って管理し、そこから各国のプロバイダなどに使用できるアドレスの範囲が割り振られています。一方、インターネットでは決して使われないプライベートIPアドレス専用のアドレス範囲も定められています。社内ネットワークなどLAN上のパソコンやプリンターなどには、この範囲のIPアドレスを割り当てます。なお、プライベートIPア

ドレスとして使える値の範囲は次の表のように定められています。クラスA、クラスB、クラスCのようにクラス分けされています。

■ プライベートIPアドレスの範囲

クラス	範囲	使われる主な場面
クラスA	10.0.0.0〜 10.255.255.255	大規模なネットワーク。幹線部分やネットワーク全体など
クラスB	172.16.0.0〜 172.31.255.255	中規模のネットワーク。幹線部分や社内フロアのネットワーク全体など
クラスC	192.168.0.0〜 192.168.255.255	小規模なネットワーク。社内の部署単位など

● NAT と IP マスカレード

NATはグローバルIPアドレスとプライベートIPアドレスを1対1で相互変換します。そのため、1つのグローバルIPアドレスに対し同時に複数の機器を接続することはできません。そこで、複数のプライベートIPアドレスを対応づけられるようにしたのが、IPマスカレードまたはNAPTと呼ばれる技術です。現在、多くのルーターなどではIPマスカレードが採用されており、NATという言葉も、実際にはIPマスカレードを指していることが一般的です。

まとめ

- ▣ **TCP/IPネットワークではIPアドレスで個々の機器を識別する**
- ▣ **社内LANなど閉じられたネットワーク上の機器にはプライベートIPアドレスを割り当てる**
- ▣ **インターネットに接続するときはプロバイダなどから割り当てられるグローバルIPアドレスを使う**
- ▣ **NATなどの仕組みを使い複数の機器で1つのグローバルIPアドレスを共有する**

26 | IPアドレスの自動割り当て

ネットワークに接続するサーバーやパソコンの台数が多い場合、IPアドレスを1つず
つ手作業で設定するのは大変です。そこで、DHCPという仕組みを使うと、IPアド
レスを自動的に割り当てることができます。

● IPアドレスを自動で割り当てるDHCPサーバー

IPアドレスは、次のような画面から手作業で設定できますが、設定する機器
の台数が増えると1台1台設定するのは大変です。

■ IPアドレスの設定画面 (Windows10)

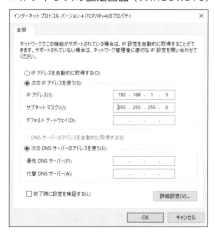

そこで、IPアドレスを自動割り当てするために使われる仕組みが、**DHCP
(Dynamic Host Configuration Protocol)** です。DHCPの機能を持ったネット
ワーク機器やコンピューターを**DHCPサーバー**と呼びます。DHCPサーバーは、
IPアドレスの範囲をあらかじめ登録しておくと、パソコンなどが接続されたと
きにその範囲内のアドレスを自動で割り当てます。

DHCPサーバーは、家庭内の無線LANルーターにも内蔵されています。その

おかげで、パソコンやスマートフォンをネットワークに接続するだけでIPアドレスが自動的に設定され、インターネットに接続できるのです。家庭内の無線LANルーターは、ほとんどの場合、工場出荷時に設定された範囲内でIPアドレスを割り当てますが、企業などのネットワークに設置する場合は、インフラエンジニアが、その企業に割り当てられたIPアドレス範囲で設定するようにカスタマイズします。

■ DHCPサーバーを使ったIPアドレスの自動割り当て

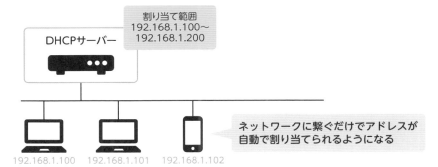

✏️ **まとめ**

▶ **DHCPは、IPアドレスを自動的に割り当てる仕組み**

▶ **DHCPの機能を持ったネットワーク機器やコンピューターを DHCPサーバーという**

▶ **インフラエンジニアは企業などに割り当てられたIPアドレスの範囲をDHCPサーバーに設定する**

27 ドメイン名とDNS

Webページにアクセスする際に入力する「www.example.co.jp」のような文字列はドメイン名と呼ばれます。このドメイン名はDNSという仕組みでIPアドレスと相互変換され、通信相手を特定します。

● ドメイン名でアクセスする仕組み

　TCP/IPネットワークでは、IPアドレスが各コンピューターに割り当てられることを説明しました。しかし、ブラウザでWebページにアクセスする際にはIPアドレスではなく「www.example.co.jp」のような文字列を入力します。数値の羅列であるIPアドレスに対して、人間が認識しやすいように付与される別名を**ドメイン名**と呼び、IPアドレスとドメイン名を相互に紐付け、変換する仕組みを**DNS（Domain Name System）**と呼びます。

　インターネット上では、**DNSサーバー**と呼ばれるサーバーがDNSの機能を提供しています。ブラウザ上でドメイン名を入力してWebページにアクセスする際、ネットワーク上ではDNSサーバーに対する問い合わせが実行され、ドメイン名に対応するIPアドレスが戻ってきます。そのIPアドレスのサーバーに接続することでWebページが表示される仕組みになっています。

■ ドメイン名でアクセスする仕組み

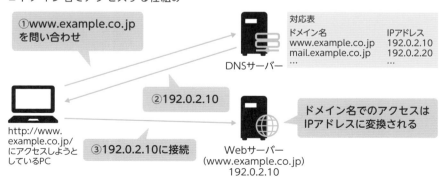

①www.example.co.jp
を問い合わせ

対応表
ドメイン名	IPアドレス
www.example.co.jp	192.0.2.10
mail.example.co.jp	192.0.2.20
…	…

DNSサーバー

②192.0.2.10

ドメイン名でのアクセスは
IPアドレスに変換される

http://www.
example.co.jp/
にアクセスしようと
しているPC

③192.0.2.10に接続

Webサーバー
（www.example.co.jp）
192.0.2.10

● ドメイン名を使えるようにするには

ドメイン名を使えるようにするのも、インフラエンジニアの仕事です。例えば、IPアドレス「192.0.2.30」のWebサーバーに「http://myshop.example.com」というURLでアクセスできるようにするには、次のようにします。

①ドメイン名を申請する

ドメイン名は、レジストラと呼ばれる事業者が扱っています。国内事業者では「さくらのドメイン」「お名前.com」や「名づけてねっと」などがあります。こうした事業者に申請してドメイン名「example.com」を取得します。

② DNS サーバーを設定する

example.comを管理するDNSサーバーに「http://myshop.example.com」の問い合わせに対して「192.0.2.30」を返すように設定します。DNSサーバーはレジストラが用意してくれることもありますが、自分で用意することもあります。

■ ドメイン名を使えるようにする

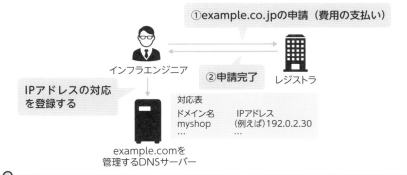

まとめ

▶ **DNSサーバーがドメイン名とIPアドレスの変換をする**

▶ **レジストラに申請してドメイン名を取得する**

▶ **DNSサーバーにIPアドレスの対応表を登録する**

28 ネットワーク機器とルーティング

ネットワークを構築するには、さまざまな機器を使います。外見が似たような機器であっても、その機能や用途は大きく異なることもあります。ここでは代表的なネットワーク機器を紹介します。

● 機器同士を繋げるハブ

　LANにおいて機器同士を接続する際の中継装置です。有線LANで現在事実上標準となっている規格が**イーサネット**（P.80参照）です。イーサネットにもさらにいくつかの規格がありますが、ほとんどの場合、1000BASE-Tという規格が使われています。1000BASE-Tでは、RJ45というコネクタが使われます。ハブには、RJ45コネクタを挿入するポートが複数設けられています。ハブに接続された機器同士は、一直線上に接続されているのと同じ動きをします。

■ RJ45コネクタ

● ハブの主な機能

　ハブは単機能のものから多機能なものまで種類があります。もっとも単純なハブは**リピータハブ**と呼ばれ、単純に内部で配線を分配するだけのものですが、現在ではほとんど見かけません。

　現在一般的に使われているハブは**スイッチングハブ**と呼ばれるもので、通信しているポートだけを接続し、それ以外は切り離すことで、通信する際の信号の衝突を起きにくくして通信速度の向上を図ります。また、通信しているデー

タがほかの接続者に漏洩するのを防ぐ役割があります。現在では多くの場合、スイッチングハブを指す呼び方として「ネットワークスイッチ」「スイッチ」という言葉が使われます。

　それ以外にも、接続されている機器をグループ化できる**VLAN**や、次に説明するルーターと同等の機能を備えた**L3スイッチ**と呼ばれるものもあります。

■ ハブの主な機能

種類	機能
リピータハブ	単純な配線の分配。現在ではほとんど使われない
スイッチングハブ	現在の主流。通信している者同士だけを接続する
VLAN	グループ化して、グループが異なる者同士は互いに通信できないようにする
L3スイッチ	ルーターと同様にデータの宛先を確認し、適切な機器にデータを送る

■ ハブ（スイッチングハブ）

写真提供：シスコシステムズ合同会社

● ネットワークアドレス

　TCP/IPネットワークでは、ホストにはIPアドレスを設定すると説明しましたが、IPアドレスの割り当てには規則があります。例えば、IPアドレス「192.168.0.10」と「172.0.16.10」を設定した機器同士は、直接通信できません。

　TCP/IPでは、ハブで直結して通信できるのは、**IPアドレスの左側からいくつかが同じ値が設定されているホスト同士に限られます**。例えば「192.168.0.

10」と「192.168.0.20」は、左端から見て「192.168.0」までが共通なので、直接通信できるという具合です。このとき「192.168.0」の後ろに「.0」を補って、IPアドレスの書式にした「192.168.0.0」のような値を**ネットワークアドレス**といいます。

■ ネットワークアドレスに所属するIPアドレス

● サブネットマスク

　IPアドレスの先頭から何ビットをネットワークアドレスに使用するかを指定するのが、**サブネットマスク**と呼ばれる設定値です。

　これまで、IPアドレスを「192.168.1.0」というようなピリオドで区切られた4つの10進数の値の組み合わせで説明してきました。

　これは人間が読み書きする場合の表記で、コンピューターの内部では8ビットずつ区切られた32ビットの値、つまり0または1を32個組み合わせた値として処理されます。例えば、IPアドレス「192.168.1.0」は、「11000000.10101000.00000001.00000000」となります。

　サブネットマスクもIPアドレスと同様、8ビットずつ区切られた32ビットの数値で、人間が読み書きする際は10進数で表します。

　サブネットマスクは、IPアドレスのネットワークアドレスとして使う部分を1、ホストアドレスとして使う部分を0で表します。例えば、「192.168.15.10」というIPアドレスに対し、サブネットマスクが「255.255.255.0」である場合を考えてみましょう。255を2進数にすると「11111111」です。よって、「255.255.255.0」は2進数では「11111111.11111111.11111111.00000000」となります。

先頭から1が24個並んでいるので、IPアドレスの先頭から24ビットがネットワークアドレスであるということになります。したがって10進数のIPアドレス「192.168.17.1」の「192.168.17」までがネットワークアドレスです。

● ネットワーク同士を繋げるルーター

ネットワーク同士を接続するときは、**ルーター**と呼ばれるネットワーク機器を使います。ルーターは2つ以上のポートを持ち、両方のネットワークに接続し、それぞれのネットワークに属するIPアドレスを設定します。次の図のように、ちょうどルーターがネットワークの出入口となります。

■ ルーター

写真提供：シスコシステムズ合同会社

■ ネットワーク同士を接続するルーター

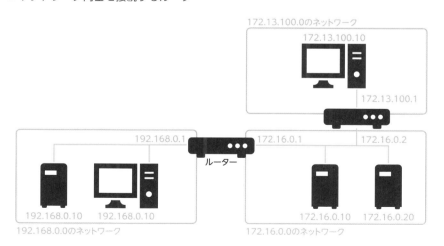

● ゲートウェイの設定

　ルーターを設置したら、それぞれのネットワークに属するホストに対し、ルーターのIPアドレスを自ネットワークの出口（ゲートウェイといいます）として設定します。

　先ほどの図では、ネットワークアドレス「192.168.0.0」のネットワークから、ネットワークアドレス「172.16.0.0」のネットワークに向けては、IPアドレス「192.168.0.1」をゲートウェイとして設定します。ネットワーク内すべてのホスト（図ではそれぞれ「192.168.0.10」「192.168.0.20」のIPアドレスを持つコンピューター）に対してこの設定をしないと、通信することができません。同様に、ネットワークアドレス「172.16.0.0」のネットワークからは「192.168.0.0」のネットワークに向けて、すべてのホスト（図ではそれぞれ「172.16.0.10」「172.16.0.20」のIPアドレスを持つコンピューター）に対して「172.16.0.1」をゲートウェイとして設定します。

● ルーティングテーブル

　ネットワーク同士が正しく通信するには、あるネットワーク宛のゲートウェイはどこなのかを管理する必要があります。ルーターが持つこうした情報の一覧を**ルーティングテーブル**といいます。

■ ルーティングテーブル

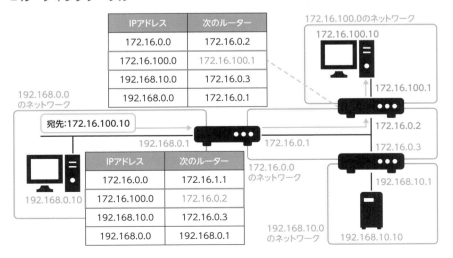

098

COLUMN ルーター自体を初期設定する方法

　ルーターにIPアドレスを設定すれば、パソコンなどからそのルーターの管理ツールや管理ページを開いて設定できます。しかし最初はIPアドレスが設定されていないので、こうしたやり方ができないことがあります。この場合は、パソコンを1台だけ接続し、工場出荷状態のIPアドレスに接続して設定変更する、またはシリアル接続など特殊な方法で接続して設定するなどの方法があります。

まとめ

▶ ハブは、LANにおいて機器を相互に接続する機器

▶ ルーターは、異なるネットワーク同士を接続するための機器

▶ IPアドレスのネットワークアドレス部分が同じでないと直接通信することができない

▶ ルーターは、ルーティングテーブルによりゲートウェイの情報を管理する

29 拠点間の接続

離れた拠点間を接続するWANの回線では、専用線を使うほか、共有回線またはインターネット上で暗号化した通信を用いるVPNなど、より安価な手段もあります。

● WANとLAN

LAN（Local Area Network）はオフィスや学校など、施設内のパソコンやサーバー、プリンターなどを接続するネットワークです。

一方、WAN（Wide Area Network）は地理的に離れた拠点間を結ぶネットワークです。LAN同士をWANで結んで、1つの大きなネットワークを作ることができます。LANの構築に必要なケーブルやハブ（P.94参照）などは利用者が自分で用意することがほとんどですが、WANの回線はプロバイダなどの通信事業者が設置し管理しているものを借りることがほとんどです。

● 拠点間を接続する専用線

ある企業に複数の支店があるとします。各支店間をWANで接続すれば、ファイルの共有などが可能です。WANで使われる代表的な回線が**専用線**です。専用線は通信事業者が敷設した回線を独占的に使用します。ただし、専用線はとても高価です。そこで**広域イーサネット**や**IP-VPN（Internet Protocol Virtual Private Network）**など、ほかのユーザーと共有する回線を使って接続する、より安価な方式もあります。

次に示すのは、ある企業の東京支店と大阪支店を専用線で接続した場合の概念図です。それぞれの支店のLANを専用線で接続しています。専用線の回線とLANを中継しているのはルーターです。これにより、東京支店の端末から大阪支店のファイルサーバーにアクセスすることが可能になります。

■ 専用線で接続する

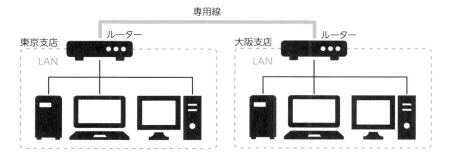

■ ほかのユーザーと共有することで安価に使える回線

回線名	解説
広域イーサネット	社内LANなどで使われる有線LANの仕組みを用いる
IP-VPN	通信事業者が運用する閉じた通信網上に、仮想的なネットワーク（VPN）を構築する。インターネットと同じTCP/IP通信を用いる

● インターネットを使って接続するインターネットVPN

　さらに安価に接続したい場合、インターネット上に暗号化された仮想的な通信網を作って通信する方法もあります。これを**インターネットVPN**といいます。IP-VPNは通信事業者が独自に運用する閉じた通信網上にVPNを構築するのに対し、インターネットVPNは一般のインターネット回線上にVPNを構築します。

　インターネットVPNは、インターネットVPN対応のルーターを用意すれば、インターネットを利用する費用だけで利用できます。反面、インターネットの通信速度に大きく左右されるため、一定以上の通信速度を保証したい場合には不向きです。

　次に示すのは、東京支店と大阪支店をインターネットVPNで接続する場合の概念図です。専用線と異なるのは、インターネットVPN対応のルーターを用いる点と、拠点間を接続しているのが、インターネット上に作られた暗号化された通信網である点です。

■ インターネットVPN

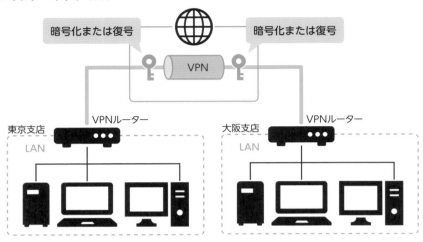

まとめ

▶ **WANは地理的に離れた拠点間を結ぶネットワーク**

▶ **拠点間の接続には専用線を使うが、費用が高額**

▶ **比較的低価格な選択肢として、ほかのユーザーと回線を共有する広域イーサネットやIP-VPNがある**

▶ **さらに安価かつ手軽なのがインターネットVPNだが、速度の保証が必要な場合には不向き**

30 サーバーとOS、各種ソフトウェア

サーバーの物理的な形状にはさまざまな種類があります。サーバー用のOSはLinux
とWindows Serverに大別されます。サーバーにはWebサーバーソフトウェアなど
のほかに、サーバー監視のためのソフトウェアもインストールします。

● サーバーの種類

　ひとことでサーバーといっても、デスクトップパソコンと同じような筐体の
タワー型、ラックと呼ばれる専用の棚にネジで固定する**ラックマウント型**、1
枚の小さな基板で構成され、必要な数をシャーシと呼ばれる筐体にマウントす
る**ブレードサーバー**など、その種類はさまざまです。用途によって適切なもの
を選択します。

　調達したサーバーマシンを配線やラックへ取り付けるのも、インフラエンジ
ニアの仕事です。ただしデータセンターに納品する場合などは、それらの作業
をデータセンターのエンジニアに代行してもらうこともできます。

■ 主なサーバー

ラックマウント型　　　　　　タワー型　　　　　ブレードサーバー
　　　　　　　　　　　　　　　　　　　　　　　　（写真はシャーシ）

写真提供：Hewlett Packard Enterprise（ヒューレット・パッカード エンタープライズ）

● OSの種類

サーバーに用いられるOSは、LinuxとWindows Serverに大きく分かれ、Linuxはさらにいくつかの**Linuxディストリビューション**に分かれます。

　Linuxとは、厳密にいえばOSの中核部分であるカーネルを指します。それ単体ではOSとして使うことはできません。Linuxディストリビューションは、OSとして動かすためのコマンドやツールなどを含んだパッケージです。RedHat系、Debian系、Slackware系などいくつかの系統に分かれ、それぞれコマンドや設定の方法が違います。無償で利用できるものと、有償でサポートを受けられるものがあります。

　どれを使うのかは案件によって異なりますが、社内やプロジェクト内で複数のディストリビューションが混在すると管理が煩雑になるので、特別な理由がなければどれか1つに揃えることがほとんどです。

■ サーバーOSとディストリビューション

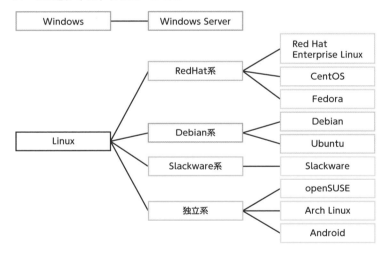

●コマンドでの操作

　Linuxの場合は、キーボードだけでコマンド操作するCUI (Character User Interface。Characterとは文字の意味) を使うことがほとんどです。すべての操作をコマンド入力で行う必要があるため、学習コストはかかりますが、慣れれ

ば Windows や macOS のような GUI（Graphical User Interface）より高速に操作することができます。また、入力内容のログをとっておけば、サーバーに対していつどのような操作を行ったかを記録でき、トラブルの際の原因特定に役立ちます。Linux にも GUI を導入することはできますが、マシンの負荷が上がるため、サーバー用途の場合は使いません。

　Windows Server の場合は、パソコン用の Windows と同様の GUI が備わっていますが、「毎週金曜日にファイルをバックアップフォルダに移動する」などの定期的に行う作業は、PowerShell（Windows をコマンドで操作するためのスクリプト実行環境）のスクリプトファイルで自動化するケースも増えてきています。

■ Linux（Ubuntu）の CUI

```
[vagrant@ubuntu-xenial:~$ ls
workspace
[vagrant@ubuntu-xenial:~$ cd workspace
[vagrant@ubuntu-xenial:~/workspace$ ls
[vagrant@ubuntu-xenial:~/workspace$ pwd
/home/vagrant/workspace
vagrant@ubuntu-xenial:~/workspace$ █
```

●ネットワークでの操作

　サーバーがネットワークに接続されていない段階では、サーバーに直接接続されたディスプレイやキーボードから直接操作します。ネットワークの設定が終われば、離れた場所からアクセスして操作することもできます。操作には **SSH（Secure Shell）** という、暗号化した通信でコンピューターを遠隔操作するための仕組みを使います。Windows や macOS には、SSH で通信できる SSH クライアントソフトウェアが標準で付随しています。それにより、インフラエンジニアはデータセンターなどサーバーが設置されている場所まで行かなくても、たくさんのサーバーを適切に管理できます。

　もちろん不正な第三者にリモートで侵入されると困るので、パスワードや暗号鍵（P.109 参照）を設定して、それらの情報を提示しないと接続できないようにします。さらに安全性を高めるため、社内の特定のネットワーク（または特定の IP アドレスを持つホスト）からしか接続できないようにするなどの対策を講じることもあります。

■ SSHを使った操作

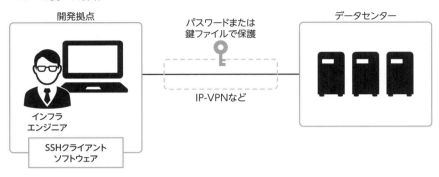

機能ごとにソフトウェアをセットアップする

　OSのインストールと管理者ユーザーの作成、不正なユーザーが侵入しないようにするファイアウォールの構成が終わったら、必要なサーバーソフトウェアをインストールします。サーバーの役割（提供するべき機能）によって必要なソフトウェアが違います。例えば、Webシステムにおいて、ブラウザからの要求に応えてWebページのデータを提供するサーバーソフトウェアが、**Webサーバーソフトウェア**です。電子メールの送受信機能を提供するのは**メールサーバーソフトウェア**です。単に「Webサーバー」「メールサーバー」などと言った場合、サーバーソフトウェアを指す場合と、サーバーソフトウェアが稼働するサーバーマシンを指す場合があるので注意しましょう。複数のサーバーソフトウェアをインストールして、1台のサーバーマシンを複数の用途で使うこともできます。

■ サーバーソフトウェアのいろいろ

種類	製品名
Webサーバーソフトウェア	Apache、NGINX、IIS (Internet Information Services) など
DNSサーバーソフトウェア	BIND、PowerDNS、NSDなど
DBMS（データベース管理システム）	Oracle Database、MySQL、PostgreSQLなど

● サーバーの監視ソフトをインストールする

　基本的な設定が終わったら、サーバーを監視するための設定をします。いくつかの方法がありますが、例えば、サーバーの状態を取得する**エージェント**と呼ばれるソフトウェアをインストールして、負荷やメモリ使用率、ディスクの使用率、通信量、実行されているソフトウェアなど、さまざまな情報を収集できるように構成します。

　収集したデータは、監視サーバーと呼ばれる、サーバー監視・管理用のツールをインストールしたサーバーで集中管理し、インフラエンジニアが指定した閾値を超えたときは、警告を出し、メールなどでエンジニアに自動で連絡するようにしておきます。

　バックエンドプログラマーに引き渡したあとは、インフラエンジニアとバックエンドプログラマーが連携してサーバーを保守・管理します。例えば、次のような連携が必要になります。

- ディスクの容量が足りなくなってきたので、バックエンドプログラマーがインフラエンジニアにディスクの増設を依頼する
- バックエンドプログラマーがDBサーバーに接続する必要があり、インフラエンジニアにDBサーバーの一時的なセキュリティ設定の緩和を依頼する

● OSとその他ソフトウェアのアップデート

　運用開始後、定期的にOSやその他ソフトウェアのアップデートを実施することも、インフラエンジニアの大切な仕事です。アップデートすることで、機能が追加されたりするほか、セキュリティ上の欠陥（脆弱性）が改善されることもあります。一方、アップデートによって動作に不具合が生じることもあるので、事前に本番環境とは別の検証環境でアップデートと動作テストを行い、問題がないことを確認してから本番環境に適用するのが鉄則です。またアップデートの際は、サーバーを停止しなければならないこともあるので、関係部署との調整は必須です。

まとめ

- ▶ サーバーの物理的な形態にはラックマウント型、タワー型、ブレードサーバーなどがある
- ▶ サーバー用OSは大きくLinuxとWindows Serverに分かれる
- ▶ サーバーのネットワーク設定が完了すれば、SSHという仕組みにより遠隔操作できる
- ▶ エージェントや監視ツールにより、サーバーの状態を監視する仕組みを構成する
- ▶ 運用開始後、OSやその他ソフトウェアのアップデートを行うのもインフラエンジニアの仕事

31 | 暗号化とデジタル証明書

ネットワークでは、通信経路上での情報漏洩を防ぐため、暗号化通信が必要とされることがあります。TCP/IPネットワークで使われているSSL/TLSという暗号化技術について解説します。

● SSL/TLSによる暗号化

Webサイトの中には「http://」ではなく「https://」から始まるURLのサイトがあります。このようなサイトでは、SSL/TLS（単にSSLということもあります）と呼ばれる仕組みを使って通信が暗号化されています。現在、「http://」から始まる通信が暗号化されていないWebサイトにアクセスすると、主要なブラウザでは警告が表示されるため、暗号化はすべてのWebサイトに不可欠な機能です。

●公開鍵暗号方式と共通鍵暗号方式

暗号化とは、データを決められたルールに従って変換する技術です。**鍵（暗号鍵）**とは、その計算に使うデータです。

SSLでは、**公開鍵暗号方式**と**共通鍵暗号方式**という2つの暗号方式を組み合わせて使います。

共通鍵暗号方式は、暗号化と復号に同じ鍵**（共通鍵）**を使用します。仕組みが単純で処理が速いことが特長ですが、クライアント側とサーバー側双方が共通鍵を共有する必要があります。共通鍵が漏洩すると第三者によって通信内容が解読できてしまうため、どのように安全に鍵を受け渡しするかが問題になります。これを鍵配送問題といいます。

■ 共通鍵暗号方式

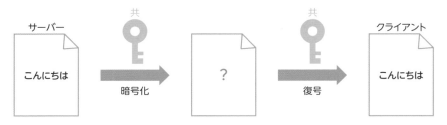

　一方、公開鍵暗号方式は、**公開鍵**と**秘密鍵**という2つの鍵を使って暗号化する方式です。公開鍵はインターネット上などで誰に対しても公開されている鍵、秘密鍵はサーバー側だけが知っている鍵です。公開鍵で暗号化したデータは秘密鍵だけで復号できます。

　この方式では鍵配送問題は発生しませんが、共通鍵暗号方式に比べて計算量が多く、処理に時間がかかることが短所です。

■ 公開鍵暗号方式

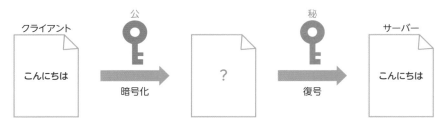

◉ デジタル証明書

　SSL/TLS通信を行うために、サーバー管理者は、まず「OpenSSL」などのツールを使って、秘密鍵と公開鍵を作ります。このうち、公開鍵を**認証局**と呼ばれる企業や団体に送付して、**デジタル証明書**を発行してもらいます。デジタル証明書は、公開鍵と認証局の**デジタル署名**がセットになったものです。秘密鍵はサーバーにインストールしておきます。

■ デジタル証明書の発行

サーバー管理者　秘密鍵と公開鍵を
セットで生成

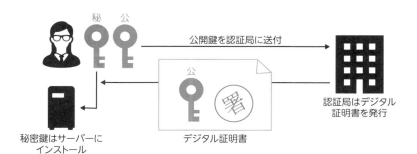

公開鍵を認証局に送付

認証局はデジタル
証明書を発行

秘密鍵はサーバーに
インストール

デジタル証明書

● SSL/TLS 通信の流れ

ここからは、SSL/TLS 通信の流れを順を追って説明します。

①クライアントがSSL通信のリクエストをサーバーへ送信すると、サーバー
はデジタル証明書をクライアントに返します。クライアントはデジタル証明
書のデジタル署名を見て、証明書が正当なものかどうか確認します。

②クライアントは共通鍵を生成し、それをデジタル証明書に付いている公開鍵
で暗号化します。そして、暗号化した共通鍵をサーバーに送ります。

③暗号化された共通鍵を受け取ったサーバーは、サーバーにインストールして
ある秘密鍵で共通鍵を復号します。

④これでクライアントとサーバー双方が共通鍵を保持した状態になり、暗号化
通信ができるようになりました。

　クライアントは共通鍵を使って、クレジットカード情報などの機密性の高い
データを暗号化してサーバーに送り、サーバーは共通鍵で暗号化されたデータ
を復号します。

■ SSL/TLS 通信

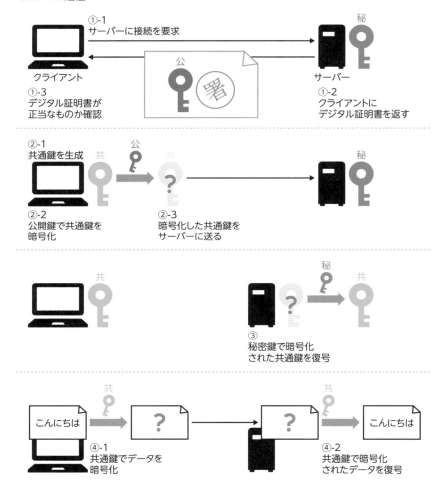

　このように、SSL/TLSでは、共通鍵暗号方式と公開鍵暗号方式を併用するこ
とでお互いの欠点を補い合っています。

　また、仕組みの上では、デジタル証明書がなくても共通鍵暗号方式と公開鍵
暗号方式を組み合わせた暗号化通信はできます。しかし、公開鍵が正当な相手
によって発行されたものかどうかの判断ができません。そこで、デジタル証明
書という形で公開鍵に認証局のお墨付きを与え、正当性を確認できるようにし

ているのです。クライアントのブラウザには、世界的に信頼性が認められた認証局の公開鍵があらかじめ組み込まれており、サーバーから送られてきた証明書のデジタル署名を検証できるようになっています。

COLUMN 3種類のサーバー証明書

　サーバー証明書には「DV証明書」「OV証明書」「EV証明書」の3種類があります。暗号強度に違いはありませんが、実在性の確認方法が違います。

　DV証明書（Domain Validation：ドメイン認証）は、ドメインの存在を証明するものです。次のような方法で確認します。

- 該当ドメインの管理者にメールを送って返信してもらう
- 該当ドメイン名で運用されているサーバにファイルを置いてもらいアクセスできるかを確認する

　本人が怪しい人物でないか、実在する企業であるかなどまでは確認しません。そのため取得費用も安く、無料のものもあります。

　OV証明書（Organization Validation：企業認証）は、企業の存在を証明します。謄本や印鑑証明などの送付、電話で担当者の在籍確認などが行われます。

　EV証明書（Extended Validation）は、OVと同等の審査に加えて、各種書類や第三者機関のデータベースと照合することで、怪しい企業ではないことを証明します。EV証明書は銀行やショッピングサイトなどで使われています。

まとめ

- ▶ TCP/IPネットワークではSSL/TLSという暗号化方式が広く使われている
- ▶ SSL/TLSでは公開鍵暗号方式が用いられており、公開鍵と秘密鍵という2つの鍵を使う
- ▶ ツールで作成した公開鍵と秘密鍵を認証局に送付し、証明書を発行してもらう

32 ストレージ

ストレージとは、コンピューターにおいてデータを保存する装置のことです。サーバー内部に取り付けられたハードディスクなどの内部ストレージと、外部に設ける外部ストレージに分かれます。

● データの集中管理

　サーバーを複数台運用する場合、それぞれのサーバーの内部ストレージにデータを保存することもできますが、その場合、万一に備えたデータのバックアップをそれぞれのサーバーに対して施さなければならず、管理の手間がかかります。そこで、データの保存に特化したサーバーを設け、各サーバーのデータをまとめて保存するように構成します。このようにしておけば、そのサーバーだけバックアップすればすみます。

　このようなサーバーは、一般的なサーバーに大容量のディスクを装着して用いることもありますが、**ストレージサーバー**と呼ばれる、ストレージ用途専用の機器もあります。ストレージサーバーは、データを保存するディスクを筐体の前面から出し入れでき、壊れたディスクを容易に交換できるような作りになっています。

■ ストレージサーバー

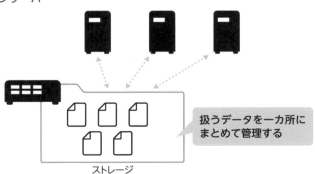

扱うデータを一カ所に
まとめて管理する

ストレージ

● ストレージの冗長化

万一、ストレージのディスクが壊れた場合に保存しているデータが失われる事態を防ぐため、ディスクを二重、もしくはそれ以上に多重化した冗長構成とすることで信頼性を上げる手法があります。このような仕組みを**RAID（Redundant Arrays of Inexpensive Disks）**といいます。

RAIDによる冗長化には、いくつかの方法がありますが、比較的わかりやすいのは、**ミラーリング**という手法です。この方法では、複数のディスクに同じデータを書き込むことで、1つのディスクが壊れてもデータが失われないようにします。

■ ミラーリング

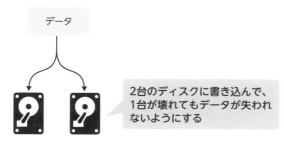

データ

2台のディスクに書き込んで、1台が壊れてもデータが失われないようにする

まとめ

▷ データを保存する装置をストレージといい、内部ストレージと外部ストレージに分かれる

▷ データの保存に特化したストレージサーバーでデータを集中管理することで、バックアップを効率化できる

▷ ディスクを多重化して冗長性を高める手法をRAIDという

▷ RAIDのうち、複数のディスクに同じデータを書き込む方法をミラーリングという

33 データベース

コンピューターで扱うデータを、検索したり集計したりしやすい形式に整理したものをデータベースといいます。大量のデータを管理する必要があるシステムではデータベースが必須です。

● データベースの必要性

サーバーに保存される顧客情報、商品情報といった各種データは、テキストファイルやExcelファイルで管理することもできますが、データ量が膨大になってくると扱いが困難です。

データベースは、そのようなデータを系統的に管理することができます。データベースは **DBMS（DataBase Management System）** と呼ばれる専用のソフトウェアを使って管理します。DBMSは、アプリケーションソフトウェアなどからの要求に応えて、データの検索・抽出や追加・削除といった処理を実行します。開発や運用の現場で「データベース」というときは、DBMSのことを指す場合が多いでしょう。

■ DBMSとアプリケーションソフトウェアの関係

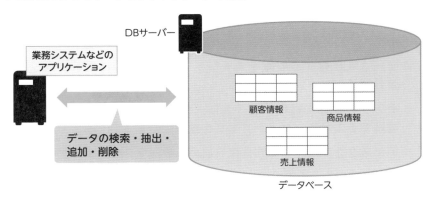

DBサーバー

業務システムなどのアプリケーション

データの検索・抽出・追加・削除

顧客情報　商品情報

売上情報

データベース

● DBMSの種類

DBMSは、データをどのような構造で保存するかによっていくつかの種類に分かれますが、大きくは**リレーショナルデータベース（RDBMS）**と、**非リレーショナルデータベース**に整理することができます。

●リレーショナルデータベース（RDBMS）

データを表形式の組み合わせで表現する方法です。Excelの表のような形式で整理されたデータの保存に向き、集計や検索を得意とします。もっとも広く使われている形式のDBMSです。

●非リレーショナルデータベース

表形式にまとめられていない、雑多なデータを格納できるデータベースです。リレーショナルデータベースよりも集計や検索の面では劣りますが、多様なデータを保存できる利点があります。またデータの構造がシンプルなため、リレーショナルデータベースに比べて高速に動作します。

要件によって、これらのどちらか、または両者を組み合わせて用います。これはインフラエンジニアが決めるのではなく、バックエンドプログラマーからどのようなデータベースが必要なのかを確認して決定します。

COLUMN NoSQLデータベース

非リレーショナルデータベースは「NoSQLデータベース」と呼ばれることもあります。これはリレーショナルデータベースの操作には、SQLという言語が使われるので、それに対比した呼称です。

ただし最近は、非リレーショナルデータベースでありながらSQLを使って操作ができるソフトウェアも増えてきています。

■ 主な DBMS

種別	製品名	説明
リレーショナルデータベース	Oracle Database	Oracle社が開発。有償
	DB2	IBM社が開発。有償
	SQL Server	Microsoftが開発。有償
	MySQL	現在はOracle社が開発を主導。OSSで無償だが、サポート付きの有償版も提供されている
	PostgreSQL	PostgreSQL Global Development Groupが開発。OSSで無償
	MariaDB	MariaDB Foundationが開発。MySQLからの派生。OSSで無償だが、サポート付きの有償版も提供されている
	SQLite	ほかのRDBMSと異なりサーバーでなくライブラリとしてアプリケーションソフトウェアに組み込んで利用する。OSSで無償
非リレーショナルデータベース（NoSQL）	Redis	KeyとValueのペアでデータを管理する。OSSで無償
	MongoDB	MongoDB社が開発。JavaScriptのオブジェクトのような構造の「ドキュメント」という形でデータを管理する。OSSで無償
	Apache Cassandra	Apache Software Foundationが開発

まとめ

▶ 大量のデータを検索・集計しやすい形に整理したものをデータベースという

▶ データベースはDBMSで管理され、DBMSはアプリケーションからの要求に応えてデータを操作する

▶ DBMSは、リレーショナルデータベースと非リレーショナルデータベースに大別される

34 冗長化と負荷分散

インフラでは、機器の故障やアクセスの殺到によるシステムダウンなどが起きても、全停止に陥らないための対策が必要です。ここでは、システムの安定性を高めるための冗長化や負荷分散の手法について解説します。

● 故障してもサービスに影響が出ないよう設計する

　サーバーにしてもネットワーク機器にしても、機械である以上故障の可能性をゼロにすることはできません。そのため、インフラでは故障を完全になくすのではなく、一部が故障してもシステム全体に影響を及ぼさないようにするという考えに立って設計をします。

　P.115で説明したRAIDは、ディスクを2台以上の冗長化構成にすることで、片方が壊れた際にもデータの消失を防ぎます。同様に、サーバーやネットワーク回線についても、2台以上、2回線以上の構成にし、どれかが故障してもシステム全体が止まらないよう冗長化した設計をします。

■ 冗長化した設計

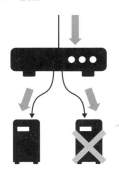

同じ構成のサーバーを2台用意。
どちらかが故障しても残りのサーバーで
サービスを維持できる

● 負荷が増えたときの対策

アクセスが集中すると、サーバーで処理しきれなくなることがあります。そのようなときは、次のいずれかの方法で対応します。

●スケールアップ

サーバーの性能を増強します。CPUやメモリなどを増設してパワーアップします。

●スケールアウト

サーバーの台数を増やして、1台当たりの処理を分散します。スケールアウトする際には、サーバーの前段にロードバランサーという通信を振り分けるためのネットワーク機器を導入します。

このうち、**より理想的なのはスケールアウトです**。複数台のサーバーで構成すれば負荷の分散と同時に、何台か故障してもシステムを稼働し続けられるという意味で冗長化にもなるからです。また、スケールアップではサーバーに増設できるCPUやメモリの数や性能には限度がありますが、スケールアウトでは台数の限度がないため、将来的に負荷がさらに増えた場合にも対応できます。

ただしスケールアウトはアプリケーション側の対応が必要なので、アプリケーション担当エンジニアの協力が不可欠です。

■ スケールアップとスケールアウト

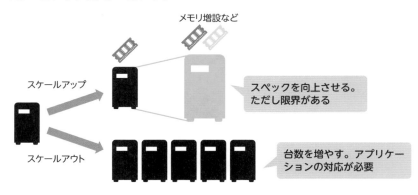

メモリ増設など

スケールアップ

スペックを向上させる。
ただし限界がある

スケールアウト

台数を増やす。アプリケーションの対応が必要

● ロードバランサー

　ロードバランサーは負荷分散装置とも呼ばれ、外部からのアクセスを複数の
サーバーに振り分ける装置です。大量のアクセスがあった際、サーバー1台あ
たりの負荷を低減するほか、故障などでダウンしているサーバーがある場合、
そのサーバーにはアクセスを送らないようにする仕組みも持っています。

● DNSラウンドロビンとCDN

　通信を分散する方法としてはロードバランサーを使う以外に、**DNSラウン
ドロビン**や**CDN（Content Delivery Network）**といったものがあります。

● DNS ラウンドロビン

　DNSラウンドロビンは、DNSサーバーで実行されるドメイン名とIPアドレ
スとの変換を利用した手法です。「www.example.co.jp」のようなドメイン名に
対し、対応するサーバーマシンを複数用意し、それぞれ異なるIPアドレスを
割り当てます。このURLに問い合わせがあったとき、クライアントに対して
ランダムもしくはサーバーの負荷に応じて、複数のサーバーのうちいずれかの
IPアドレスに接続させます。これにより接続されるサーバーが分散されます。

■DNSラウンドロビン

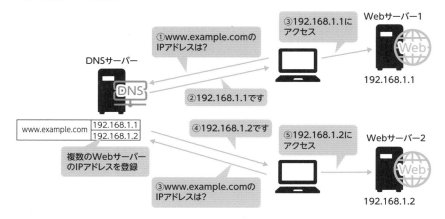

● CDN（Content Delivery Network）

　主にWebサービスで使われる方法で、インターネット上の各所にオリジナルのWebページの情報をキャッシュしたキャッシュサーバーを設置します。オリジナルのWebページの情報が更新されるまでは大元のサーバーへの接続が発生しなくなり、負荷を軽減できます。

　またキャッシュサーバーは、インターネット上の各所に点在しており、ユーザーは自動的に距離的に近いキャッシュサーバーに接続するように構成されています。この仕組みにはDNSラウンドロビンが使われています。これにより、ページ表示の遅延解消というメリットももたらします。

■ CDN

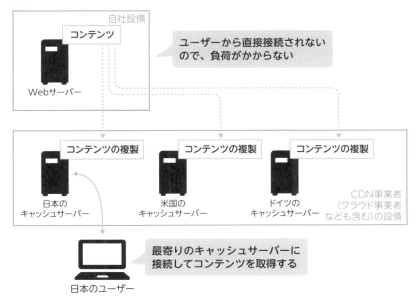

✏ **まとめ**

▶ インフラでは、一部の故障によりシステム停止に至らないように冗長化構成をとる

▶ サーバーやネットワークの負荷増大への対処にはスケールアップとスケールアウトがある

▶ ロードバランサーは複数台のサーバーに通信を分散するネットワーク機器

▶ DNSの仕組みを使ったDNSラウンドロビンや、インターネット上に複数のキャッシュを置くCDNという仕組みもある

35 セキュリティ

インフラでは、セキュリティへの配慮が欠かせません。本来アクセスしてはならないユーザーの侵入からネットワークやサーバーを守るのも、インフラエンジニアの大切な仕事です。

● 不正なアクセスを防ぐ

不正なアクセスを防ぐためには、次の2つの考え方を組み合わせます。

①正当なユーザーか

OSや、OS上で動作するアプリケーションには、パスワードなどによるロックを施し、正当なユーザーしか利用できないようにします。また、1つのアカウントを複数人で共有することは避けます。複数人で共有すると、それだけパスワード漏洩のリスクが高まることに加え、漏洩したときどこから漏れたのかを突き止めにくいからです。

②許可された場所からのアクセスか

アカウントの情報が漏洩する可能性も考え、パスワードを知っていても社外からはアクセスできないようにするなど、アクセス元を限定します。外部からのアクセスを遮断するには、次に説明するファイアウォールを用います。

COLUMN 鍵認証

　SSH（P.105参照）によりサーバーに接続する際は、パスワードではなく公開鍵暗号方式（P.110参照）により認証する方法もあります。公開鍵暗号方式で使われる秘密鍵のデータは、パスワードと違い人間が覚えることが不可能な長い文字列なので、秘密鍵のファイルが流出することがない限り、より安全性が高いといえます。

■ ユーザーアカウントで制限し、さらにアクセス元でも制限する

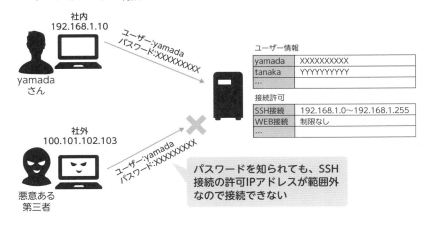

● ファイアウォールで利用できる機能を制限する

　サーバー上では、外部にサービスを提供するアプリケーションなどのソフトウェア以外に、サーバー自体やネットワークを管理するためのツールも実行されています。こうした管理ツールに外部からアクセスされては大変です。そのため、外部からのアクセスをコントロールする必要があります。

　そこで、外部との接続点となるルーターに「どのようなアクセスは許可するのか」という設定をします。この仕組みを**ファイアウォール**といいます。

■ ファイアウォールで通信を制御する

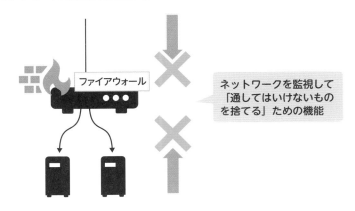

● 踏み台サーバー

　ファイアウォールを設けることで、外部からまったくアクセスできないとなると、インフラエンジニアが緊急時の対応ができないことにもなりかねません。そこで、インフラエンジニアやバックエンドプログラマーが外部からシステムにアクセスできるようにするため**踏み台サーバー**と呼ばれる抜け穴を作ることがあります。インフラエンジニアなどのシステム管理者は、まず踏み台サーバーにアクセスし、そこから目的のサーバーにアクセスするのです。すると誰がいつ、どこにアクセスしているのかを管理できます。また、踏み台サーバーを経由しないアクセスが見つかった場合、不正なアクセスと判断できるようになるため、セキュリティを保ちつつ保守性を高めることができます。

■ 踏み台サーバーの仕組み

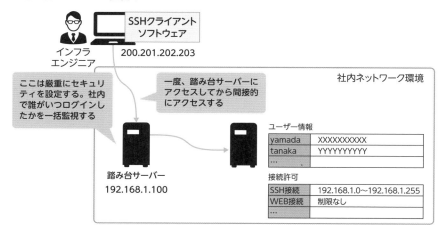

126

● 脆弱性に対応する

　サーバーOSやアプリケーションソフトウェア、ネットワーク機器は、システムへの侵入などを許してしまう不具合（脆弱性）を持っていることがあります。そうしたソフトウェアなどを使い続けることはセキュリティ上危険です。開発元から脆弱性を修正するためのアップデートが提供されたら、速やかに適用します。

● ログを残す

　システムに異常や不正なアクセスがないかを判断するため「誰がいつ何をしたか」というログを記録し、保管することはセキュリティ上極めて重要です。また、ログは膨大な量になるため目視での確認は不可能です。そこで、さまざまなツールを用いて、ログに特定の文字列が含まれていた場合、インフラエンジニアに通知する仕組みを構築するなどして自動化を図ります。

まとめ

- ▫ 不正アクセスを防ぐため、アクセスするユーザー、アクセス元という2点を管理する
- ▫ アクセスを許可する通信を制限するため、ネットワークの出入口となるルーターにファイアウォールを構成する
- ▫ ソフトウェアの脆弱性を修正するためのアップデートは速やかに適用する
- ▫ 不正アクセスなどの有無を確認するためログを記録・保管し、ログの確認・通知は自動化する

36 マネージドサービスと サーバーレス

ここまでは、サーバーを自社で用意するオンプレミスを前提に解説してきましたが、昨今ではクラウドサービスと自社サーバーを組み合わせて使うケースもあります。クラウドについても学び、適切に活用できるようになりましょう。

● 管理を任せることができるマネージドサービス

　サーバーは構築作業はもちろん、構築後の監視、障害対応、脆弱性などに対応するためのアップデートなど、保守運用の作業にも手間がかかります。

　そこで、クラウドサービスを中心に、あらかじめソフトウェアなどがインストールされた状態のサーバーを貸し出し、さらにその後のソフトウェアのアップデートなどの運用まで行ってくれるサービスが提供されています。こうしたサービスは、サーバーの保守・管理をクラウドサービス事業者が実施するという意味で、**マネージドサービス**（managed＝管理されている）と呼ばれます。それに対して、サーバーだけを貸し出し、運用はユーザーが行う従来のサービスは**アンマネージドサービス**（unmanaged＝管理されていない）と呼ばれます。

●すぐに使えるマネージドサービス

　マネージドサービスで提供される代表的なインフラが、ストレージやデータベースです。従来ならば、データベースを利用する場合、サーバーを構築し、DBMSをインストールして初期設定を行う必要がありました。しかしマネージドサービスとして提供されているデータベース（マネージドデータベース）では、サーバーはすでに用意されており、使用したいDBMSを画面上で選択するだけです。あとは、ファイルのような、データを格納する入れ物を作成し、管理者ユーザーのパスワードなどの設定をするだけで使いはじめることができます。

　マネージドサービスでは、データベースのバックアップやアップデート、さらにディスクの容量が不足した場合の増設など、保守管理の一切をクラウドサービス側が行います。

■ アンマネージドサービスとマネージドサービス

アンマネージドサービス

マネージドサービス　　　　　　　　自社で管理

●責任分界点

　マネージドサービスでは、どこまでがクラウドサービスの責任範囲で、どこまでがユーザーの責任範囲なのかがサービスによって違います。この境界のことを**責任分界点**といいます。責任分界点で分けられた責任範囲のうち、クラウドサービス側の範囲が大きいほどユーザーの保守運用は楽ですが、設定の変更などの自由度が減ります。

■ 責任分界点

● サーバーレス

マネージドサービスと似たサービスとして、**サーバーレス**があります。サーバーレスは、開発したシステムを動かすための実行環境の1つで「サーバーを用意しないで動かせる環境」のことをいいます。代表的なサービスとして AWS の Lamba、Azure の Azure Function などがあります。

サーバーレスとは、サーバーが存在しないということではなく「**ユーザーが管理すべきサーバーが存在しない**」「**サーバーはプログラムの実行に応じて都度作られる**」という意味です。

システム（プログラム）を動かすためには、サーバーが必須です。サーバーレスでは、このサーバーをクラウド事業者が用意します。つまり、マネージドサービスと同じく保守の手間がありません。また、サーバーレスでは、プログラムは実行されるタイミングでサーバーに読み込まれます。しかもサーバーの台数は固定ではなく、アクセス数の増加に応じて自動的に増えます。そのため、大量のアクセスが殺到してもパフォーマンスが低下することがありません。この仕組みは費用面でも大きなメリットをもたらします。プログラムを実行した回数や時間によって課金され、アクセスが発生していないときにはまったく費用がかからないからです。

■ サーバーレス

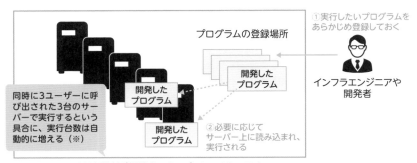

プログラムの登録場所

①実行したいプログラムをあらかじめ登録しておく

開発したプログラム

インフラエンジニアや開発者

同時に3ユーザーに呼び出された3台のサーバーで実行するという具合に、実行台数は自動的に増える（※）

開発したプログラム

②必要に応じてサーバー上に読み込まれ、実行される

開発したプログラム

クラウド事業者が提供するサーバーレスのシステム

※実際には1台のサーバーで多数のプログラムを同時実行できるので、物理的な台数が増えるかは負荷による

●サーバーレス対応のプログラムが必要

サーバーレス環境上で動作するプログラムは、そのサーバーレス環境に対応した作りになっている必要があります。先ほど挙げたLambdaとAzure Functionでは、それぞれ対応するプログラムの作り方が違います。そのため、サーバーレスサービスを使うかどうかを検討するのは、インフラエンジニアではなく、プログラムを作るバックエンドプログラマーです。

● ベンダーロックに注意

クラウドサービスを使う場合は、マネージドサービスを活用できるところは活用するように設計します。そうすることで保守運用の効率や堅牢性を高めることができます。

ただし、特定のクラウドでしか提供されていないサービスや、クラウドごとに作りが違うサービスを利用すると、ほかのクラウドサービスに移行することが難しくなるので注意します。特定のサービスに依存し、ほかに移行しづらくなることを**ベンダーロック**といいます。

まとめ

▷ **マネージドサービスは保守運用にかかる手間を軽減するとともに、安定性も確保できる**

▷ **サーバーレスは、サーバー台数が柔軟に運用されるため、高負荷への対応、コスト面でメリットがあるが、対応したプログラムの開発が必要**

▷ **マネージドサービスの活用にあたっては、サービスの性質よってはベンダーロックの可能性があることに注意する**

37 データセンター

業務用途に用いられるサーバーやネットワーク機器などは、多くの場合、セキュリティ面や災害対策に優れたデータセンターと呼ばれる施設に設置されます。

● サーバーを安全に運用するデータセンター

　データセンターは、大量のサーバーやネットワーク機器などを集中的に設置した施設です。データセンターには、大容量のネットワーク回線が引き込まれ、発熱による機器へのダメージを防ぐための空調設備が備わっています。さらに、停電時にも電気を供給できる電源設備、耐震構造など、あらゆる条件下からインフラを守る対策が施されています。

　またセキュリティを確保するため、施設自体やサーバールームへの人の出入りを徹底的に管理しています。入館証などによる身分確認が行われることはもちろん、事前申請のない入室はできません。入室後もICカードによって行動が追跡されたり、作業に必要な箇所以外のドアは開かない仕組みが導入されたりしていることもあります。データセンターの所在地が機密事項になっていることも珍しくありません。

　サーバーやネットワーク機器が設置されるサーバールームには、ラックと呼ばれる、各機器を設置するための専用の棚が並んでいます。許可された者以外が触れることを防ぐため、ラックには鍵付きの扉が付いています。

　データセンターは、システムを運用する企業や機関が自前で保有するケースと、データセンター事業者からデータセンターの区画やサーバーを借りるケースがあります。

■ データセンターのメリット

● ハウンジングサービスとホスティングサービス

　データセンター事業者が、データセンターの区画のみを貸し出す形態を**ハウ
ジングサービス**といい、サーバーまで貸し出す形態を**ホスティングサービス**と
いいます。

　ハウジングサービスでは、サーバーやネットワーク機器などは利用者側が用
意します。各機器のデータセンターへの搬入や配線などは、利用者自身が行う
場合と、データセンター側のスタッフや専門の業者に委託する場合があります。
運用開始後のサーバーの保守運用は基本的に利用者側が行う必要があります。
ただし、データセンターに入室して作業するのはサーバーの搬入時や、機械的
なメンテナンスなどの場合のみで、それ以外は自社の拠点からネットワーク経
由で遠隔操作することができます。

　一方、ホスティングサービスでは、サーバーはデータセンター側が用意する
ため、利用者側が搬入や配線作業を行うことはありません。また、多くの場合
サーバーの死活監視など基本的な保守運用もサービスに含まれています。

● データセンターとクラウドのハイブリッド運用

データセンターの物理サーバーとクラウドサービスを組み合わせて運用するケースもあります。そのような場合、データセンターとクラウドを専用線やVPNなどで接続します。近年では、企業の社内システムの一部がデータセンターにあり、一部がクラウドサービス上にあるという運用も珍しくありません。

■ データセンターとクラウドを組み合わせる

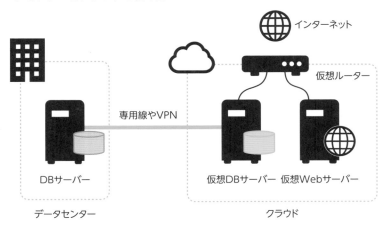

まとめ

▸ **データセンターは大量のサーバーとネットワーク機器を収容し、安全に運用するための設備を備えた施設**

▸ **データセンターはシステムの運用者が保有するケースと、データセンター事業者から借りるケースがある**

▸ **データセンター事業者が区画のみを貸し出すのがハウジングサービス、サーバーも貸し出すのがホスティングサービス**

▸ **データセンターとクラウドを組み合わせて使うケースもある**

6章

▼

インフラの設計

インフラの設計では、性能面はもちろん、セキュリティやのちの運用のしやすさも考慮する必要があります。また、設計の内容はドキュメントとして整理することも重要です。この章ではインフラ設計の流れとポイントを解説します。

38 インフラ設計の流れ

設計ではまず要件を定義し、要件を満たすように大枠から細部へと各項目を詰めていきます。過去の実績を参考にするとともに、将来を見越した設計とすることが重要です。

● 要件で構成が決まる

　インフラ上で稼動するアプリケーションは「どんな能力のサーバーが必要なのか」「どの程度のデータ量を流すのか」などの要件が決まっています。インフラエンジニアは、この要件を満たすようにインフラを設計していきます。また、万が一障害が発生したときに、機器の切り替えに使える時間（ダウンタイム）なども要件に含まれます。

　こうした要件は、開発において最初の段階で定められるものですが、細部要件までは決まっていないこともあります。そのようなときは、インフラエンジニアが細部の要件を定義するところからはじめる必要があります。

● ネットワーク構成図で大枠を決める

　インフラの設計では、まず大枠を決めて、そこから細部を決めていくことが基本です。大枠を決めるのに必要なのが**ネットワーク構成図**です。ネットワーク構成図は、サーバーやネットワーク機器を用途や目的によってグループ化し、それぞれをどのように接続するのかを示した図です。各機器の配置や結線はアイコンと線によって表現します。また、それぞれの機器には名称や番号を付けておき、それらに対する設定値を記載した別表と照合できるようにします。グループ化した部分は、どのIPアドレス範囲（サブネット）を使うのかも、大まかに決めておきます。

　作図のためのツールには、Microsoft Officeの1つであるMicrosoft Visioのほか、オンラインでブラウザから利用するCacooやDraw.io（diagrams.net）などが知

られています。ネットワーク構成図に統一的な作図ルールはありませんが、こ
れらのツールにはそれぞれテンプレートやアイコン類が用意されているので、
それに従って作成すればよいでしょう。

■ ネットワーク構成図の例

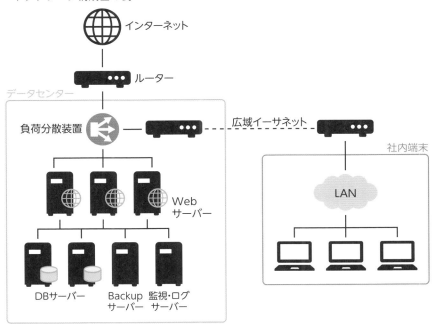

● 機器の選定と設計書の作成

　ネットワーク構成図の作成と並行して、機器を選定します。サーバーやネッ
トワーク機器の機種、サーバーに搭載するハードディスクの容量やCPUの性能
などを検討します。機器の価格は開発コストに直結します。メーカーや商社か
ら見積もり、プロジェクト内の稟議を通すのもインフラエンジニアの仕事です。
　設計書の記載レベルを、実際に作業を行うエンジニアが見て、すべての設定
が行えるレベルにまで落とし込めれば、設計フェーズは完了です。

■ 設計の流れ

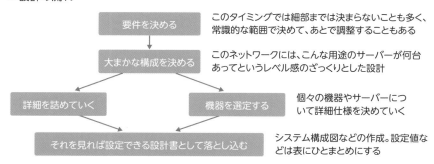

このタイミングでは細部までは決まらないことも多く、常識的な範囲で決めて、あとで調整することもある

このネットワークには、こんな用途のサーバーが何台あってというレベル感のざっくりとした設計

個々の機器やサーバーについて詳細仕様を決めていく

システム構成図などの作成。設定値などは表にひとまとめにする

● 過去の実績を参考に設計する

　インフラは、問題なく動いていることが当たり前とされています。ひとたびトラブルが起きるとビジネスや社会活動に大きな影響を与える可能性があります。そのため、過去の実績を非常に重視します。特に、障害の発生が致命的な悪影響を及ぼすミッションクリティカルなシステムのインフラでは、新しい機器が登場しても、ある程度採用実績が積み重なるまでは採用を避ける傾向があります。

　インフラの構成は、どのようなシステムでも、ある程度テンプレート化されています。そのため、過去のインフラ設計の経験を次の設計にも活かせます。同じネットワークの構成を部分的にほかのシステムでも使い回せることも多くあります。これは設計の時間短縮に繋がるのみならず、実績のあるものを使うことで信頼性を高めるという意味でも重要です。

■ 過去の実績を参考に設計する

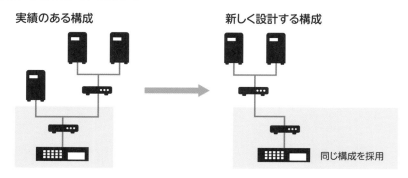

● 将来を見越して設計する

インフラを設計するときは、2年後、5年後といった将来を見据えることが大切です。システムを利用するユーザーが増えれば、必要とするインフラの能力も増えていきます。

クラウドの場合はあとからの増設が比較的容易ですが、オンプレミスの場合は機器の調達があるので、短期間での調整は困難です。余裕を持った設計はもちろん、リプレース（P.141参照）する場合のしやすさなども検討します。

● ネットワークとサーバー

インフラは大きくネットワークとサーバーに分けることができ、それぞれ別個に設計していきます。必要となる知識は少し違うため、ひとりのインフラエンジニアが担当するというよりも、分担して設計していくことがほとんどです。

まとめ

- ▷ **インフラ上で稼動するアプリケーションの要件を満たすように設計する**

- ▷ **大枠から細部へと設計を詰めていくのが基本で、設計書は実際に構築作業が行える記載レベルまで落とし込む**

- ▷ **信頼性を重視する場合、過去の採用実績がある機器や構成を選択する**

- ▷ **ユーザーの増加など、将来を見越して余裕を持った設計とする**

39 要件を定義する

プロジェクトによって、性能はもちろん、故障がどの程度許されるのかも違います。
必要とされるものは要件としてまとめて、その要件を満たすようにインフラを設計
します。要件が曖昧なときは、それを定めるところからはじめます。

● 機能要件と非機能要件

　P.30でも触れましたが、ITシステムの要件は**機能要件**と**非機能要件**とに分け
られます。

　機能要件は、ユーザーがシステムに求める機能や、振る舞い（動作）を定義
するものです。画面の表示や帳票の出力形式、操作に対する挙動、扱うデータ
の形式などが含まれます。より具体的な例を挙げると、店舗の売上額を月ごと
に一覧表示する画面が欲しい、商品の請求先と請求額が印刷された請求表を作
成したい、といったようなものです。

　非機能要件は、機能面以外の要件で、可用性や性能・拡張性、運用・保守性、
セキュリティといったものが含まれます。**インフラエンジニアが検討するのは
主にこれらの非機能要件**です。

■ インフラの設計に関わるのは非機能要件

● 非機能要件の6大項目

ここで、IPA（情報処理推進機構）が定義する6つの非機能要件のそれぞれを詳しく見てみましょう（出典：https://www.ipa.go.jp/files/000005076.pdf）。

●可用性

可用性とは、システムを停止することなく使い続けられる度合いです。システムは故障などのトラブルのほか、定期メンテナンスによって使えなくなることもあります。このように使用不能となる時間を除いて、どれくらい稼動できるかを表した「稼動率」が一般的に可用性の指標となります。

●性能・拡張性

性能は、どのぐらいの時間で、どのぐらいのデータを処理しなければならないのか、あるいは、1台のサーバーが、同時にどのぐらいのユーザーの処理を行う必要があるかを定めます。

拡張性とは、あとから性能の向上や機能追加を行えることや、その容易さのことです。インフラにおける拡張性は、例えば将来的に性能不足が生じた際に、サーバーの増設により対処できるのか、あるいはシステム全体の根本的な改修が必要となるのかといったことが問題になります。

●運用・保守性

運用・保守とは、システムを一定の水準で稼動させるための監視やメンテナンスといった作業の総称です。運用・保守にどれくらい作業や人員が必要になるか、また故障時の機器の交換しやすさのことを運用・保守性といいます。監視の自動化などで運用・保守性を高めることができます。

●移行性

既存のインフラを新しいものに置き換える（リプレース）場合には、既存インフラからのデータやプログラムの移行のしやすさも検討しなくてはなりません。例えば、部分的な移行が可能か、移行の際にシステムの停止は伴うか、停止の時間はどれくらいかといったことが問題になります。

●セキュリティ

　ひとことで「セキュリティを高める」と言っても、そのためには「どのような
ことを許すか、許さないか」を1つずつ決めていく必要があります。こうし
た方針がなければ、セキュリティの設定はできません。例えば、どのネットワー
クからのアクセスを許可するか、誰にサーバーのアクセス権を与えるかといっ
たことや、ログの取得対象も決めなくてはいけません。

●システム環境・エコロジー

　インフラエンジニアにとって、普通はあまり関わることのない分野ですが、
全社でエネルギー削減などの取り組みがある場合、基準に準拠した製品や機材
の運搬方法の選択といった考慮が必要になることもあります。

COLUMN　SLA

　回線、そして、データセンターやクラウドで運用されているサービスでは、「SLA」
（Service Level Agreement）という可用性を示す値が使われます。
　これは稼動率を示すものです。例えばSLAが99%だとすると、全体の1%ほど使え
なくなる時間があるかもしれないということを意味します。1%は小さいとも思えま
すが、実際に計算すると1日あたり14.4分となり、常時稼働が前提のサービスの場合は、
長いという見方もできます。99.9%であれば1.44分ですし、99.99%であれば8.66秒
です。可用性が重視されるときは、SLAの高い回線やサービスを選択します。

まとめ

▶ インフラの設計ではまず要件を整理し、要件から必要な機能
や性能を割り出す

▶ 要件には機能要件と非機能要件があり、インフラの設計に関
わるのは非機能要件

▶ IPAが定める非機能要件は6つの項目に分けられる

40 可用性と性能・拡張性

非機能要件のうち、インフラの構成を決めるにあたって特に重要である可用性と性能・拡張性の要件について、さらに詳しく見ていきます。

◎ 可用性で決まるもの

　インフラの構成を決める際、特に重要な要件の1つは可用性です。可用性を重視して決定するものは次のようなものがあります。

●冗長性と予備設備

　システムのある部分が故障した場合でも全体が停止しないように、サーバーやネットワーク機器、回線などの二重化や三重化といった冗長構成を検討します。また物理的な故障が発生した場合、迅速に交換するために保守部品や予備のサーバー、ネットワーク機器を用意するかどうかなども合わせて検討します。

●バックアップ手法

　万が一障害が発生したときに、どの時点のデータまで、どの程度の時間で復旧させる必要があるのかなど、バックアップの手法を検討します。ほぼ瞬時に戻す必要があるなら、リアルタイムなバックアップが必要です。前日までのバックアップに戻せばよいなら、早朝などにまとめてバックアップする手法がとれます。また、大災害にも備えるなら、バックアップを地理的に離れた別の拠点に置くなどの対策も必要になります。

● 性能・拡張性で決まるもの

性能や拡張性の要件も、インフラの構成に大きく影響します。

●性能

　必要な性能を計算するにはさまざまな方法がありますが、よくあるのが「1
ユーザー当たりに必要な処理×ユーザー数」というように、必要とされる要件
から計算で求める方法です。

　例えば、1ユーザー当たり1秒間に平均50,000b（バイト）のデータをやりと
りし、同時接続数として1,000人を想定するネットワークを構築するとします。
ネットワークの通信速度は、**bps（ビーピーエス）**や**Mbps（メガビーピーエス）**
という単位で表されます。これは1秒間に何bのデータを送受信できるかを表
します。今回の場合、50,000 × 1,000 = 50Mbpsの通信速度が必要になります。
サーバーの処理能力についても同様に計算できます。

■ 性能を求める方法の例

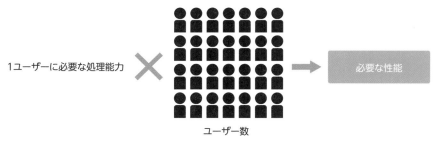

1ユーザーに必要な処理能力　×　ユーザー数　→　必要な性能

●サーバーの台数

　サーバーが1台では性能不足の場合は2台以上の構成にします。また、1台
で性能的には十分でも、無停止での稼動が求められる場面では、故障による障
害発生の恐れがあるので、冗長性を考慮して2台以上で構成します。ただし、
2台で障害に十分耐えられるかというと、そうともいい切れません。1台が壊
れたときに、もう一方のサーバーに処理が集中してダウンする恐れがあるため
です。1台のサーバー当たりの性能に不安がある場合は、3台以上の構成のほ
うが安心というケースもあります。

■ 2台構成の場合と3台構成の場合の比較

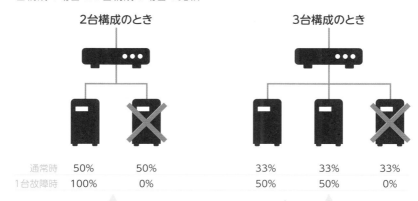

	2台構成のとき		3台構成のとき		
通常時	50%	50%	33%	33%	33%
1台故障時	100%	0%	50%	50%	0%

故障時は1台で100%
賄わなければならない

故障しても1台当たり50%の
処理を賄えば済む

●台数の増減を可能とするかどうか

　拡張性の要件によって、サーバーやネットワークを増設可能な設計にするか
どうかを決めます。まず、サーバーを設置するラックや電源にどの程度余裕を
持たせるのかという物理的な問題があります。さらに、サーバーやソフトウェ
ア、ロードバランサといったハードウェアについては、設定を変更すればすぐ
に増設可能な形に各機器やソフトウェアを構成しておく必要もあります。

まとめ

▷ **可用性の要件からは冗長性と予備施設の設計、バックアップ
手法が決まる**

▷ **性能の要件からはサーバーやネットワークの性能、サーバー
の台数などが決まる**

▷ **拡張性の要件次第では、サーバーやネットワーク機器の増設
を見越した設計にする**

41 ネットワークを設計する

大規模なネットワークでも、小さなブロックを組み合わせて構築していきます。要件に沿うよう、必要な回線速度、バックアップ設備、セキュリティを検討し、設計が終わったら細部を詰めて、ネットワーク構成図としてまとめます。

● 階層構造で設計する

　インフラ設計では、1つのネットワークにすべての機器を接続するのではなく、いくつかの小さなネットワークに分け、それらが階層構造で接続された大きなネットワークとして設計します。その理由は2つあります。

①通信速度の向上

　TCP/IPネットワークでは、その仕組み上、1つのネットワークに多くの機器を接続しすぎると、ネットワークに接続しているすべての機器を宛先としたデータの送信（ブロードキャスト通信）が発生したときに、速度の低下を招きます。

②セキュリティの向上

　それぞれのネットワークの接続点となるルーターにファイアウォールを設置して好ましくない通信を排除することで、セキュリティを高められます。ビルに例えれば、各部屋の出入口でセキュリティチェックをするようなものです。

　社内ネットワークを例とすれば、各社員のパソコンやファイルサーバーと、顧客データなど機密情報を保存するサーバーとは、別々のネットワークに接続し、ネットワークへのアクセス制限をそれぞれ適切なレベルに設定します。階層構造にせず1つの大きなネットワークとして構成するとこうした制御ができず、誤操作による重要データの消失や情報漏洩などのリスクが高まります。また、万が一外部からの侵入を許してしまった場合、ネットワーク上のすべての機器に危険が及んでしまいます。

■ 階層構造で構成する

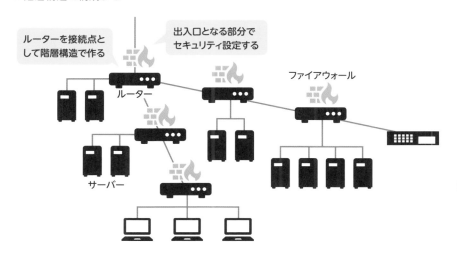

ルーターを接続点と
して階層構造で作る

出入口となる部分で
セキュリティ設定する

ファイアウォール

ルーター

サーバー

● DMZでセキュリティを高める

　ネットワークの設計では、ネットワーク上のどこが特に危険な箇所なのかを把握することが重要です。外部から独立した社内ネットワークなどは、従業員などの関係者しかアクセスしないので比較的安全だといえます。対して、インターネットに接続されているサーバーなどは、外部から攻撃を受ける恐れがあります。

　インターネットのような外部ネットワークと、社内LANなどの内部ネットワークの双方から接続される領域を**DMZ（DeMilitarized Zone：非武装地帯）**といいます。内外双方からDMZへ接続することは可能な一方、DMZから内部ネットワークへ接続することはできません。この仕組みにより、侵入者がDMZのサーバーなどを乗っ取った場合にも、そこから社内ネットワークへ接続されることを防げます。外部からの接続を受け付ける必要のあるWebサーバーやメールサーバーなどは、DMZに設置することでセキュリティを高めることができます。

■ DMZ

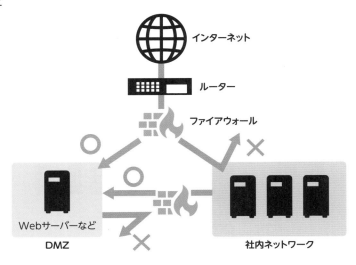

ゼロトラストセキュリティ

　従来のネットワーク設計では、ファイアウォールなどでネットワークが「外部」と「内部」に分けられている前提で、内部は比較的安全とみなしてセキュリティを緩めていました。しかしそれでは、ひとたび悪意ある第三者が内部ネットワークに入り込んでしまったときに、重大な危険が生じます。また、リモートワークの普及で会社の外部から社内のネットワークへのアクセスを許可する局面も増大し、外部・内部といった区別が困難になりつつあります。

　そこで現在は「信頼できる者はいない」ことを前提とした考えに基づき、ネットワーク上のどこであろうと同等のセキュリティ対策をする設計に移行しています。こうした考え方を「ゼロトラストセキュリティ」といいます。

◉ 要件から求められる仕様・構成を定める

ネットワークの設計に関わる要件としては次のような項目が挙げられます。

① 帯域（速度）と性能

　流れるデータ量の想定に基づき、必要とする帯域を定めます。ネットワークにはさまざまな規格があり、規格によって1秒間に転送できるデータ量が異なります。例えば有線LANの規格であるイーサネットでは、規格によって100Mbps、1Gbps、10Gbpsなどのように通信速度が変わるので、これらから適切なものを選びます。さらに同時接続数の想定から、ネットワーク機器にどの程度の性能が必要なのかを割り出します。

② 品質

　要求される信頼性から、回線のSLAなどの水準がどの程度必要なのかを定めます。必要に応じて、回線を二重化するなどの設計も盛り込みます。

③ 設置場所

　その他、セキュリティの要件によっては、サーバーは入室が制限された部屋に設置する必要があったり、クラウドの利用ができないといった制限がありえます。

■ ネットワークの設計に関わる要件

帯域と性能	品質	設置場所
・必要とする帯域 ・機器にどの程度の 　性能が必要か	・回線のSLA水準	・入室制限の有無 ・クラウドの利用可否

● 細部の確定と構成図の作成

インフラの設計に当たっては、ネットワーク構成図のほか、細部の設定を記載したドキュメントも作成しなければなりません。IPアドレスやルーティング情報、ファイアウォールの設定情報などを表形式で記載します。こうした情報は保守運用でも必要となるため、参照しやすいように管理します。

インフラの運用開始後には、設定の変更、ネットワーク機器やサーバーの増設などといった構成の変更が生じることがあります。こうした変更により、ネットワーク構成図や設定管理表の内容が実態と食い違ってしまうと、のちに混乱をきたすことになります。**ドキュメント類は常に更新し、実態と合致する状態を維持する**ことが求められます。

これらのドキュメントは、Excelなどで管理すると煩雑になるため、専用のソフトウェアで管理することがほとんどです。一部のソフトウェアでは、機器の情報を収集して自動で図を作成したり、監視ソフトと連動して機器の状態をリアルタイムで更新したりできます。

まとめ

- ▷ **小規模なネットワークを階層状に繋げて全体を構成する**
- ▷ **外部から接続されるサーバーなどはDMZに置き、内部ネットワークへの侵入を防ぐ**
- ▷ **帯域や品質、セキュリティなどの要件を満たすように設計する**
- ▷ **ネットワーク構成図のほか、細部の設定をドキュメントとして管理する**
- ▷ **ドキュメントは常に最新の状態にする**

42 機器の選定

サーバーやネットワーク機器などの機器を選定・発注するのもインフラエンジニアの仕事です。カタログなどで性能を確認し、要件に合ったものを選定します。過去の導入事例など、実績を参考にすることも信頼性の面で重要です。

● サーバーの選定

　サーバーには、**ハードウェア的な要件**と**ソフトウェア的な要件**があります。ハードウェア的な要件には、サーバーなどの形状や性能があります。ソフトウェア的な要件には、OSやインストールするライブラリなどがあります。

●要件に合わせたハードウェアの選定

　大きさや形状、性能、インターフェースといった機材の諸元を、ハードウェア的な要件といいます。選定にあたっては、次の6つの項目を中心に要件に合ったものを検討します。

• 形状

　オンプレミスのサーバーでは、まず調達すべきサーバーの形状を決定する必要があります。データセンターにサーバーを設置する場合は、ラックに設置できるラックマウント型を選択します。社内システムなど、比較的小規模なシステムのサーバーでは、デスクトップパソコンと似た形状のタワー型を選択することもあります。

• 性能

　CPUやメモリなどの性能です。要件を確認し、どの程度の負荷がかかりそうかを想定して定めます。クラウドの場合は、あとから容易に変更できるので、導入時に少しだけ余裕を持たせれば問題ありませんが、オンプレミスの場合はあとからの変更が難しいので慎重に検討します。オンプレミスで大きな変更が

できるのはリプレースのときです。そこで、次回のリプレースまでの期間にデータ量の増加や負荷の増大がどの程度になりそうか、伸び率を考慮して決めます。

● ストレージ

容量はもちろん、HDD（ハードディスクドライブ）、SSD（ソリッドステートドライブ）のどちらを採用するかも検討する必要があります。サーバーのHDDは、データ消失を絶対に避けなければならないので、RAID構成にして冗長性をとるのが一般的です。

● ネットワークインターフェース

コンピューターをネットワークに接続するための装置（部品）で、LANケーブルを接続するポートや、通信用のICチップが一体になっています。サーバーには1つ以上のネットワークインターフェースが標準で搭載されていますが、より高速なネットワーク、もしくはより多くのネットワークに接続する必要があれば、対応したものに換装・増設します。

● その他

電源ユニットは、故障に備えて二重化されている製品を選択することもあります。また、障害発生時にリモートからサーバーの電源操作や画面の確認ができるかどうかなども検討します。

■ ハードウェア的な要件

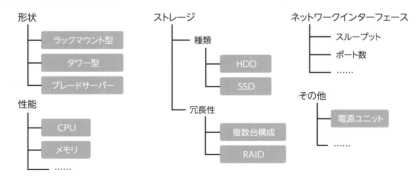

●要件に合わせたソフトウェアの選定

　サーバーにインストールするOSや各種ソフトウェア、ライブラリを検討します。これらはアプリケーションの開発者からの要望に応じて検討します。

• OSの種類とバージョン

　OSの種類とバージョンを定めます。OSの種類については、アプリケーション開発者からの要望がある場合とない場合があります。特に要望がない場合は、インストールするライブラリやフレームワーク、ソフトウェアの動作検証がとれているOSを選びます。また、特に理由がない限りは、不具合があったときの情報入手のしやすさを考えて、広く普及している製品を選択します。有償OSを使う場合は、どのようなサポートが受けられるのかについても考慮します。

　OSの中には、開発版と安定版の両バージョンが提供されている製品がありますが、**業務用途では安定版を使うのが鉄則**です。開発版は動作が安定していない場合があるほか、機能を改善する小規模なバージョンアップが頻繁に行われ、運用の妨げになるためです。安定版も、細かいバージョンによって挙動が異なることがあるため、保守運用の観点から、できるだけすべてのサーバーでOSのバージョンを揃えるようにします。

• その他ソフトウェア、ライブラリやそのバージョン

　OS上にインストールするソフトウェアやライブラリを検討します。バージョンもアプリケーション開発者と調整の上で決定します。無闇に最新版をインストールすると、動作が不安定だったり、場合によっては起動すらしない場合もあるので注意が必要です。一方で、セキュリティやサポート期間といった運用の観点から見ると、最新版を選ぶメリットはあります。そこで、アプリケーション開発者に相談し、最新版での動作確認を実施してもらうなどの調整をした上で、採用するバージョンを決めます。

6

インフラの設計

■ ソフトウェア的な要件

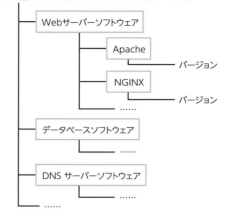

●**不必要なソフトはインストールしない**

　サーバーのOSや、その他ソフトウェア、ライブラリはすべて保守運用の対象です。セキュリティの問題が発見されたときは、アップデートなどの対応をする必要があります。不必要なソフトをインストールすると、こうしたアップデートの手間が増えるほか、常時稼動するようなソフトウェアの場合はサーバーへの負荷となります。そのため、ソフトウェアは必要最低限の構成にします。

◉ ネットワーク機器の選定

　業務用途に用いるネットワーク機器には、何より安定して稼働することが求められます。仕様を確認することはもちろん、自社や他社での過去の導入実績なども考慮して選定します。

●要件に合わせた機器の選定

ネットワーク機器の選定では、要件に合わせて次の項目を検討します。

● **機能**

必要な機能をサポートしているかどうかを確認します。冗長化構成への対応、SNMP（P.157参照）のサポート、ログの取得や監視サーバーへの転送機能、暗号化機能の有無のほか、ほかの機器との相互接続に問題がないことの確認も必要です。

● **性能**

スループット（一定時間に伝送できるデータ量）やセッション数（同時にアクセス可能な数）などを確認します。

● **物理的な仕様**

機器のサイズ、ポートの数、拡張スロットの数、消費電力などを確認します。

● **保証やサポート**

故障した場合の保証内容についても確認します。保証期間のほか、サービスマンが来て対応してくれるのか、すぐに代替機を送ってもらえるのか、休日のサポート体制なども確認すべき事項です。

■ ネットワーク機器の要件

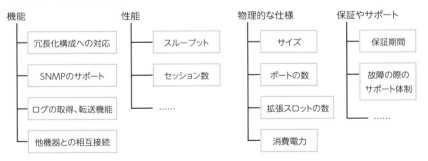

●定番の機器を使う

　要件を満たす候補が複数ある場合は、余計なトラブルを避けるため、実績の
ある定番の機器を導入するのが無難です。OSの場合と同様、定番の機器はさ
まざまな事例の情報が豊富で、困ったときの調査が容易です。また、同程度の
性能の機器がいくつかあるときは、これまで使い慣れたメーカーのもののほう
が、設定方法などが似ていたり、管理ツールで既存の機器と統合管理できたり
といったメリットもあります。そのあたりも加味して選択するとよいでしょう。

 展示会やコミュニティで情報収集する

　インフラ機器の情報をまとめて得られるよい機会が、展示会などのイベントです。
なかでも毎年春に催される「Interop」(https://www.interop.jp/) は、インフラを中心と
した大きなイベントです。各メーカーの出展ブースを回って、直接、担当者から細か
い話を聞けるほか、カンファレンスもあります。
　また各種コミュニティでは、最新の生の情報が得られます。たとえば「JANOG」
(https://www.janog.gr.jp/) というユーザーグループは、定期的にミーティングをして
いて、インフラの今の話を聞くことができます。

まとめ

- ▸ サーバーの選定では、ハードウェア的な要件とソフトウェア的な要件に合ったものを検討する
- ▸ ネットワーク機器の選定では、要件のほか、過去の実績や使い慣れたメーカーの機器であることなども加味する

43 監視とログの集約

インフラ設計では、運用時の監視についても検討しておきます。詳細な監視項目が決まるのは、システムの開発がある程度進んでからとなるため、最初の設定時には、代表的な枠組みや方針だけを決めておきます。

● 集中監視

　大規模システムでは、ネットワーク機器やサーバーの数が膨大になるため、人間が手作業や目視で管理することは到底できません。そのため、機器を集中管理し、異常が発生した際にはシステム管理者に通知する仕組み作りが不可欠です。

● SNMPによる集中管理

　こうした取り組みに欠かせないのが、ネットワーク機器などを集中管理するための標準的なプロトコルである**SNMP（Simple Network Management Protocol）**です。これは、ネットワーク上の機器の監視・制御をネットワークを通じて行うためのプロトコルです。

　業務用のネットワーク機器のほとんどがSNMPに準拠しており、管理対象とする機器に内蔵された**SNMPエージェント**と呼ばれる機能を有効にすると、機器の情報を送信できるようになっています。ネットワーク上に**SNMPマネージャー**と呼ばれる管理用のソフトウェアをインストールしたサーバーなどを用意すれば、異常の通知のほか、通信量などの情報も得ることができます。

　また、監視対象のサーバーにSNMPエージェントをインストールすれば、負荷やメモリ使用率、ディスクの空き容量などがわかります。SNMPエージェントはプリンターにも内蔵されていることがあり、用紙やトナーの残量などの取得に活用されています。SNMPマネージャー側では、エージェントから収集した情報をグラフにしたり、ディスクの使用率が閾値を超えたら管理者に通知を出すなどの設定をして管理体制を整えます。

■ 集中管理

SNMPエージェント　SNMPエージェント　SNMPエージェント　SNMPエージェント

Webサーバーなど　　　ルーター　　　　ハブ　　　　プリンター

SNMPマネージャー

管理者

通知

監視サーバー

● ログの集約・活用

　サーバーのOSや、各種ソフトウェアのログを保存し、監視することは運用上重要です。しかし、多数のサーバーのログを目視で確認するのは現実的ではありません。また、サーバーの障害によってログが消失するアクシデントの発生も考慮しておかなくてはなりません。そこで、ログを別のサーバーに転送して保管するように構成することも検討します。

　ログを転送するソフトウェアとして、よく使われるのがFluentdです。別サーバーに集めたログは、専用のソフトウェアにより集計・分析し、システムに問題が生じていないかを確認します。

　ログには、アクセス数などユーザーに関する情報も含まれるため、今後の設備の増強計画のほか、売上予測などビジネス的な指標としても活用できます。そうした目的で使う場合は、Google Cloud の BigQuery など、ビッグデータを処理できるサービスにログデータをインポートして分析します。

COLUMN クラウド環境における監視とログ

クラウド環境では、その環境で監視やログの仕組みが提供されています。たとえばAWSには「CloudWatch Logs」という仕組みがあり、「CPU負荷」「ネットワーク帯域」など、「メトリクス」と呼ばれる各種情報を一箇所に集めることができます。

集めた情報は、特定の閾値を超えたときに管理者に警告メッセージを送信するのはもちろん、自動的にサーバーの台数を増やしたり減らしたりする「オートスケーリング」と連動したり、カスタムした処理を実行したりするトリガーとしても利用できます。

CloudWatch Logsには、独自のメトリクスを定義して拡張できるほか、アプリケーションからカスタムログを出力することもできます。一元管理すれば、全体の管理がしやすくなります。

6

インフラの設計

まとめ

- ▣ SNMPはネットワーク機器を集中管理するための仕組み

- ▣ 管理対象の機器のSNMPエージェントを有効にし、管理用の
  サーバーにSMMPマネージャーをインストールする

- ▣ サーバーの各種ログを別サーバーに転送して管理することで、
  管理効率や安全性を確保できる

- ▣ ログの情報はインフラ監視だけでなく、ビジネス的な分析材
  料として使うこともできる

44 バックアップ

インフラの設計では、予期せぬ事態に備えたデータのバックアップにも目を配る必要があります。故障に備えたバックアップだけでなく、ユーザーの誤操作、大災害など、それぞれに備えた適切なバックアップを検討します。

● 故障対策と事故対策

　バックアップは「万が一」に備えてデータを保存しておく対策ですが、大きく分けて2つの側面があります。

①故障対策

　ディスクの物理的な故障への対策です。ストレージサーバーを複数台用意して各サーバーに同じデータを書き込む、あるいはRAIDでディスクを冗長化することなどが挙げられます。

②事故対策

　人間の操作ミスやシステムの不具合によるデータの消失、もしくは不正なデータの書き換えといった事故への対策です。こうした事故は、RAIDではカバーできません。操作ミスによる削除操作では、2台のディスクの両方からデータが削除されてしまうからです。

　講じるべき対策としては、**定期的に別のサーバーにデータのバックアップをとる**ことが挙げられます。毎日バックアップを行っていれば、事故の際には最低限前日のデータまでは復旧することができます。

■ バックアップをとっておき、そこから復元する

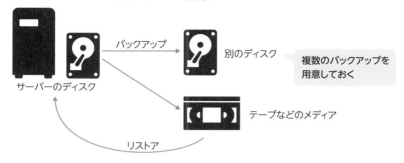

複数のバックアップを
用意しておく

バックアップの頻度と手法

　バックアップの適切なタイミングや頻度は要件によって異なります。1日1回ではなく、3時間ごと、1時間ごとなどのほうがよいケースもあります。

●バックアップの手法

　バックアップに際して、すべてのデータをコピーする方法を**フルバックアップ**といいます。この方法はデータのコピーに時間がかかります。そこで、フルバックアップされたデータからの変更分だけをコピーする**差分バックアップ**という方法もあります。また、前回の部分的なバックアップからの変更分だけをコピーする**増分バックアップ**という方法もあります。

●バックアップからのデータ復元

　事故などで消失したデータを、バックアップから復元することを**リストア**といいます。フルバックアップの場合、リストアは1回ですみますが、差分バックアップでは初回のフルバックアップ + 最新の差分バックアップの2つのデータから復元する必要があるので、フルバックアップからのリストアより時間がかかります。増分バックアップからのリストアは、すべての部分的バックアップから1つずつ復元を繰り返す必要があるのでさらに時間と手間を要します。また、差分バックアップ、増分バックアップともに初回のフルバックアップが万一消失した場合、リストアできないリスクもあります。

以上のことから、バックアップに要する時間と、復旧のために許容される時間の両方を勘案して、例えば日曜日にフルバックアックを行い、平日・土曜日は差分バックアップとするというように組み合わせます。

■ 3つのバックアップの手法

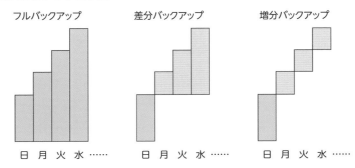

フルバックアップ　　　　　差分バックアップ　　　　　増分バックアップ

日　月　火　水 ……　　　日　月　火　水 ……　　　日　月　火　水 ……

● 復旧手順を明確にしておく

　バックアップについては、復旧の手順も明確に規定しておくことが重要です。実際に障害が発生してバックアップから戻さなければならない事態になったとき、手順に従って確実に復旧できなければ意味がありません。インフラを構築する際に復元のテストを実施することはもちろんですが、可能ならば運用開始後も、1年に1回程度訓練を行い、手順どおりに復旧できることを確認するとより安心です。

● バックアップ先の検討

　バックアップ先の機器や場所についても検討が必要です。近年はハードディスクの容量が増えたため、バックアップ用に用意したハードディスクにバックアップすることが多いですが、ハードディスクには物理的な故障のリスクが付きまといます。そこで、長期保存しなければならないデータは、より信頼性の高い磁気テープに保存するようにします。

　また、バックアップデータが保存されたハードディスクや磁気テープは、盗難による情報漏洩や紛失にも備えなければなりません。そのため、保存場所の

セキュリティ面についても考慮します。バックアップソフトによってはデータの暗号化も可能なので、そうした機能の利用も検討します。

　また大災害に備えるならば、バックアップ用のハードディスクや磁気テープを、元のデータがある場所とは地理的に離れた所に配置するべきです。例えば、東日本の拠点でとったバックアップを西日本の拠点に保管する、または海外の拠点にバックアップを置くことなどを検討します。ただし、海外へデータの持ち出しが禁止されている場合もあるので注意します。

まとめ

- ▷ **HDDの故障対策としてRAID構成にする**
- ▷ **HDDの事故対策としてバックアップをとる**
- ▷ **バックアップにはフルバックアップ、差分バックアップ、増分バックアップがあり、組み合わせて運用する**
- ▷ **バックアップからのデータ復旧の手順を明確化し、訓練を実施する**

机上の設計は検証して確認しよう

　インフラの設計では、余裕を持たせることが大切です。突発的な事象や将来的にデータ量が増えることに備える意味もありますが、理論限界まで性能が出ないことも、余裕を持たせる理由の1つです。

　たとえば家庭向けの光回線は、各社が「100Mbps」や「1Gbps」などと謳っていますが、これらは理論値であり、ここまでの速度が出ないのは多くの人が知っていることでしょう。もちろん1つの回線を複数人で共有していることも速度が出ない原因の1つですが、イーサネットやTCP/IPの規格上、ヘッダの付与やエラー時の再送、機器のバッファの容量などによって、そもそもフルスピードを出すことはできません。

　ですから設計では、余裕を持たせることはもちろん、検証環境を作り、想定通りの十分な性能が出るのかを確認する作業が欠かせません。検証環境は本番環境とまったく同じではありませんが、それでも検証することで、それまで見えてこなかった多くの問題がわかります。

　インフラは物理的なものです。机上の理論ではなく、実際に確認することがとても重要です。

7章

インフラを構築する

設計工程が完了したら、設計書に従って構築作業を行います。データセンターなど実地での構築作業は時間が限られていることも多いため、事前に実施できる作業は終わらせておき、当日実施する作業についても綿密な計画を立てます。機器の設置、設定を完了したあと、動作確認をするところまでが構築作業です。

45 インフラ構築の準備

インフラの構築には、多くの職種やチームの人たちが関わります。またデータセンターなど実地での作業は、時間が限られていることもあります。そこで実地での作業の前に、入念に段取りを検討することが大切です。

● 実地作業前の準備が重要

　オンプレミスの場合、インフラの構築は、データセンターなどに機器を設置する実地での作業と、その事前準備とに分けられます。実地での作業は、時間が限られていることも多くあります。そのため、**実地作業前の事前準備が重要**です。実地作業では、すべての作業や設定を設計書に従って実施するため、設計書の内容に誤りや漏れがないことが大前提です。

　また、実地で行う作業は、ネットワーク機器の設置・設定、サーバーの設置やソフトウェアのインストール、そして各機器の配線など多岐にわたります。大規模なシステムの場合、これらの各作業はそれぞれチームに分かれて進められることが一般的で、ときには複数の会社で分担されることもあります。このような分担作業が滞りなく進行するよう、綿密な計画を立てる必要があります。

　インフラの設置・設定が完了するのを待って、バックエンドプログラマーがアプリケーションプログラムのインストールや動作確認をするようなこともあります。このような場合、1つの作業が遅れてしまうと、後続の作業にも影響を及ぼしてしまいます。

■ 事前準備から実地作業までの流れ

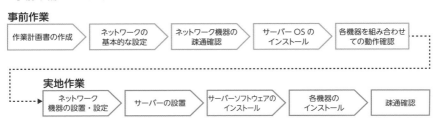

事前作業

作業計画書の作成 → ネットワークの基本的な設定 → ネットワーク機器の疎通確認 → サーバー OS のインストール → 各機器を組み合わせての動作確認

実地作業

ネットワーク機器の設置・設定 → サーバーの設置 → サーバーソフトウェアのインストール → 各機器のインストール → 疎通確認

● 実地で行う作業は最低限に

作業当日は、何時までにどの作業をどのチームが完了させるのかといった細かいタイムスケジュールを組みます。また、ネットワーク機器の疎通検証など、当日実地でなくても実施できる作業は事前に終えておきます。

このようにして、実地作業の当日は機器の設置と配線、検証環境用の設定から本番環境用への設定変更、データコピーといった、事前に実施できない作業のみで完了するのが理想的です。

■ 各チームの動きや連携を計画する

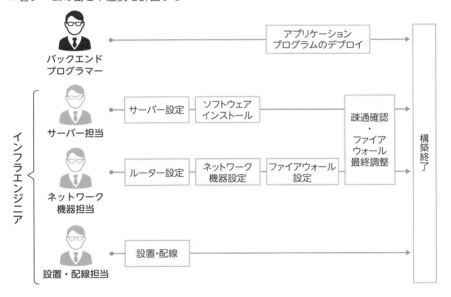

まとめ

▷ 実地の作業は時間が限られるので、事前の段取りが重要

▷ 事前に行える作業や調査は事前に済ませておき、実地での作業は最小限にする

46 入念な準備・検証をする

構築に当たって重要な、事前の準備・検証についてさらに詳しく解説します。実地での構築当日は、時間の制約により多くのことはできないので、事前にできる設定は済ませておくことが基本です。

● 事前に検証する

　納品予定のネットワーク機器やサーバーなどを実際に組み合わせ、仮の設定項目で構成して正しく動作することを確認しておきます。初めて導入するネットワーク機器の場合は、特に慎重に検証します。

　また、ネットワークの基本的な設定やOSのインストールなど、事前にできることはできるだけ済ませておきます。当日は、IPアドレスなどの各種設定値を本番環境の値へ変更するだけで完了するのが理想です。

　WANやVPNなどで遠隔の拠点同士を接続する場合、実際に両拠点に持ち込んでから設定すると作業が煩雑になるので、事前に開発拠点などで直結し、必要な設定や疎通の確認を済ませてから、それぞれの拠点に持ち込みます。

■ ネットワーク機器、サーバーの事前検証

　　仮設定、疎通・動作　　　　OSのインストール、ネット
　　確認をしておく　　　　　　ワークの仮設定をしておく

　　　ネットワーク機器

　　　　　　　　　　　　　　　　　サーバー

■ 遠隔拠点の接続の事前検証

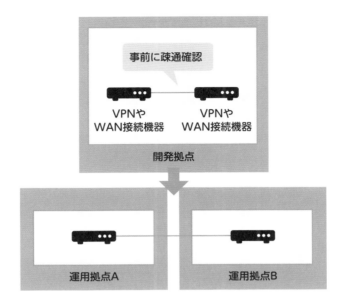

⬤ 本番一発勝負は厳禁

　本番での一発勝負は、事故が起きる可能性があるだけでなく、時間内に作業が終わらない可能性もあるため厳禁です。

　各種設定、疎通確認など、実地作業の本番で実施すべきすべての作業は、事前に検証環境を用意して予行練習をし、問題がないか確認しておきます。予行練習の際は作業に要した時間も記録しておき、計画書に反映させます。

● 作業計画書を作る

　誰がいつどのようなことをするのか、すべてを作業計画書としてまとめておきます。この計画書は、実地作業当日に確認しながら着実に作業を進められるよう、手順や作業内容、操作手順などを細かく記述しておきます。

■ 作業計画書の例

事前準備
新サーバーにはUbuntu 20.04をインストール。IPアドレスは仮IP10.0.0.10に設定 アカウントの設定は現サーバーと同様 その他ソフトウェアは現サーバーと同様（ただしバージョンは最新版とする） 当日、ネットワーク経由でデータをコピーする

前日までの予定
新サーバーを仮IPアドレス10.0.0.10で接続。現サーバーと新サーバーの疎通確認を実施 前日に1度データをコピー。当日は前日からの差分コピーのみを実施 ※稼働中のサービスへの影響を防ぐため、前日のコピーは深夜に実施する

当日の予定
現サーバーをメンテナンスページに切り替え、データをコピー。コピー後、現サーバーのIPアドレスを10.0.0.99に変更、新サーバーのIPアドレスを現サーバーのIPアドレス10.0.0.1に変更して切り替える 作業時間のリミットは8:00。バッファを考慮し6:00に切り替えを完了する 6:00の段階で完了しない場合、新サーバーを取り外し、現行サーバーのIPアドレスを元に戻して切り戻す

当日のタイムスケジュール

	現サーバー	新サーバー
22:00	作業開始	作業開始
22:10	メンテナンスページに切り替え	―
22:30	新サーバーへのコピー開始	新サーバーへのコピー開始
2:00	コピー完了予定	コピー完了予定
2:30	―	コピー確認
3:00	―	別紙検証手順に従って動作検証開始
5:00	IPアドレスを10.0.0.99に変更してサーバーをシャットダウン	本番IPアドレス：10.0.0.1に変更してサーバーを再起動 切り替え完了。動作の再検証
6:00	―	メンテナンスページから通常ページに切り替え。本稼働

　実地での構築当日は、IPアドレスの変更、ファイルのコピーやバックアップなどの設定値の変更を行います。このとき、たとえ簡単なコマンドであっても、手入力するのではなく、事前にコマンドをまとめたテキストファイルを用意しておき、そこからコピー&ペーストして実行するのがベストです。作業時間を短縮するだけでなく、事故を防止することにもつながります。

■ コマンドはコピー&ペースト

まとめ

▶ **事前に機器を組んでの動作検証、検証環境での予行練習などを実施し、本番一発勝負は絶対に避ける**

▶ **当日実地で行う作業は、細かな手順まで作業計画書に記載する**

47 | 実地作業での流れ

事前作業を終えたら実地作業に入ります。限られた時間の中で機器を設置し、ネットワークを配線し、サーバーにソフトウェアをインストールした上で、疎通確認や負荷テストへと滞りなく進めることが大切です。

● 機器の設置と配線

　オンプレミスの場合は、機器の設置や配線をするのも、インフラエンジニアの仕事です。現場に運んできたネットワーク機器やサーバーを梱包から解き、取り付けます。データセンターを利用する場合には自社に用意されたラックに機器を取り付けてネジ固定し、LANケーブル等の配線や電源ケーブルの接続などを行います。

● 各種設定とサーバーのセットアップ

　配線が終わったら、各種設定を行います。ネットワーク機器については、パソコンを機器に接続して管理画面から設定します。

　OSのインストールとネットワークの設定までは、データセンターにあるサーバーに、直接キーボードやディスプレイを接続して設定する必要があります。サーバーやネットワーク機器など、ネットワーク上の機器に対する基本的な設定項目は、IPアドレス、ネットワークアドレス、およびデフォルトゲートウェイなどのルーティング情報です。こうした基本設定をした上で、ネットワーク上の機器が相互に通信できるかどうかを確認します。これを**疎通確認**といいます。ネットワークが疎通したあとは、データセンターまで出張しなくても、リモートで詳細設定を行うことができます。同じ構成のサーバーをたくさん構築するときは、OSのインストールや初期設定を自動化する場合もあります。

■ サーバーのセットアップ

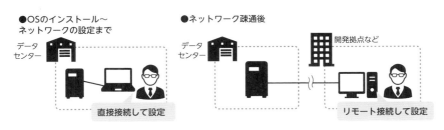

●OSのインストール〜
ネットワークの設定まで

データ
センター

直接接続して設定

●ネットワーク疎通後

データ
センター

開発拠点など

リモート接続して設定

○ 動作を確認する

　ネットワークの疎通確認は、サーバーやネットワーク機器の設置の完了時や、ソフトウェアのインストール・設定の完了時など、主要な作業の区切りで順次実施していきます。そして、すべての構築が完了したところで最終的に全体の疎通確認をします。この際、通信できることを確認するだけでなく、許可された発信元以外からは通信できないことも確認し、セキュリティの設定が正しいかどうかを確認します。

　また、設計通りの性能が出るかを確認するための負荷テストを実施することもあります。当然、こうしたテストも事前に手順書を作成しておき、構築当日はそれに従って実施します。

7 インフラを構築する

まとめ

▷ **機器の設置、配線を行ったあと、OSのインストールやネットワークの設定を行う**

▷ **疎通確認や負荷テストは手順書を用意しておき、その通りに実施する**

48 | 実地作業の大原則

インフラエンジニアに求められるのは、安全性です。設計書通りのこと、事前に確認した通りのことを実施し、すべての記録を残します。当初の予定にないことを現地の判断で実施することは事故の元です。

● 決められたことを決められた通りに実施する

　インフラを設定・変更するときは、基本的に事前に作業計画書を作成して責任者（受注開発のときは顧客）の承認をとり、その作業計画の通りに進めます。実際に作業を開始すると、ときには当初の想定と異なる事態が発生することもあります。そのようなときは、影響の度合いや範囲から対応を検討しますが、実施に当たっては必ず責任者の了承を得ます。インフラエンジニアの独断で作業を行うのは原則禁止です。影響度が大きい、あるいは不明な場合はその日の作業を取りやめ、後日に延期することもありえます。

COLUMN　事前検証していない追加作業は絶対に避ける

　インフラはアプリケーションソフトウェアが動作するための土台なので、基本的にアプリケーション開発者の要求に応じた設計を行い、構築に臨みます。
　構築の作業計画書を作成し、事前検証が完了したあとで、アプリケーション開発者から「指示漏れがあった」と言われて追加でソフトウェアのインストールを依頼されることもまれにあります。そのような場合は、作業計画書の修正と事前検証のやり直しが必要です。時間がないからと、事前検証をせずに本番作業を実施することは、絶対に避けなければなりません。スケジュール的に事前検証のやり直しが難しい場合は、作業を延期するか、当日に追加の作業を実施することは諦めて、後日対応するようにします。
　繰り返しになりますが、インフラに関わる作業では、少しの手間を惜しむことがときに命取りになるので、原則を守ることが大切です。

● すべてを記録する

当日実施した作業内容はすべて記録します。何時何分頃どのような操作をし、どのような確認をし、結果が問題なかったかどうかといったことを逐一ドキュメントに記録します。こうした記録は、正しい作業を実施した証跡（エビデンス）として重要であることに加え、のちに障害が発生した場合にその原因を究明するための重要な資料となります。

COLUMN KVMコンソール

OSがインストールされていなくてもリモートからアクセスできるサーバーも一部あります。しかしサーバーは基本的に、OSをインストールしてネットワークの設定が完了するまでは、本体に直接接続されたモニタやキーボードからしか操作できません。

この場合、サーバーの台数分だけモニタやキーボードを用意するのではなく「KVMコンソール」と呼ばれる機器を1台用意する手法がとられます。KVMコンソールとは、モニタとキーボード、マウス（トラックパッド）がセットになった機器で、折りたたむとラック1個分に収まります。

これ1台で、複数のサーバーに対して接続を切り替えながら操作することができます。

■ KVMコンソール

写真提供：Hewlett Packard Enterprise
（ヒューレット・パッカード エンタープライズ）

✏ まとめ

▶ **作業計画書に基づいて作業し、計画外の事態が起きた場合は必ず責任者に許可を得て実施する**

▶ **実施したすべての作業とその結果を記録する**

49 ネットワークの構築

インフラの構築では、まずネットワークから構築をはじめます。物理的な機器の配置だけでなく、ネットワーク機器にIPアドレスやルーティングの設定をして通信できるように構成します。

● 機器の配置と配線

　ネットワークを構築するときは、設計書に定められた通りにネットワーク機器やサーバーなどを設置します。そして、設計書通りにネットワーク機器やサーバー同士をケーブルで接続していきます。イーサネットの場合は、RJ45コネクタ（P.94参照）を装着したケーブルをポートに挿入します。ほとんどの場合は、あらかじめRJ45コネクタが取り付けられた市販のケーブルを使用しますが、ケーブルの長さを調整したい場合は、工具を使ってインフラエンジニアがケーブルを作ることもあります。また、光回線で通信するときは光ケーブルを使います。

● IPアドレス、ネットワークアドレス、ルーティング

　疎通確認で使われる基本的なコマンドは、pingコマンドやtracerouteコマンド（Linuxの場合。Windowsではtracert）です。pingコマンドは、指定した通信相手に小さなデータ（パケット）を送信し、応答の有無によりネットワークの接続状態を確認するものです。これにより、疎通ができているか否か、応答時間がどれくらいかを調査できます。tracerouteコマンドは通信相手までの経路情報を表示し、経路上の機器に異常がないかどうかを確認できます。

　また、ドメイン名を利用する環境では、DNSに関する設定も行い、ドメイン名の検索が正しくできるかも確認します。

■ Linux（Ubuntu）でpingコマンドを実行したところ

調査対象をgoogle.comと指定してpingコマンドを実行

```
vagrant@ubuntu-xenial:~$ ping google.com
PING google.com (172.217.174.110) 56(84) bytes of data.
64 bytes from nrt12s28-in-f14.1e100.net (172.217.174.110): icmp_seq=1 ttl=63 time=15.6 ms
64 bytes from nrt12s28-in-f14.1e100.net (172.217.174.110): icmp_seq=2 ttl=63 time=13.6 ms
64 bytes from nrt12s28-in-f14.1e100.net (172.217.174.110): icmp_seq=3 ttl=63 time=10.5 ms
64 bytes from nrt12s28-in-f14.1e100.net (172.217.174.110): icmp_seq=4 ttl=63 time=70.2 ms
64 bytes from nrt12s28-in-f14.1e100.net (172.217.174.110): icmp_seq=5 ttl=63 time=24.7 ms
64 bytes from nrt12s28-in-f14.1e100.net (172.217.174.110): icmp_seq=6 ttl=63 time=15.6 ms
^C
--- google.com ping statistics ---
6 packets transmitted, 6 received, 0% packet loss, time 5012ms
rtt min/avg/max/mdev = 10.596/25.079/70.217/20.638 ms
vagrant@ubuntu-xenial:~$
```

実行結果。送信回数と応答を受信した回数、実行時間などが表示される

パケットの送信と応答結果（本図では6回実行）

◉ 回線やVPNの設定

　ほかの拠点と接続する場合はそれらの回線の設定をします。インターネットに接続する場合は、接続するプロバイダの設定情報をセッティングします。VPNで遠隔地と接続する場合は、接続先や暗号化のキーなどを設定したあと疎通確認します。

■ VPNを設定する

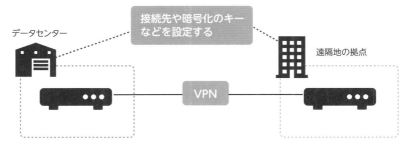

データセンター

接続先や暗号化のキーなどを設定する

遠隔地の拠点

VPN

◉ アカウントとセキュリティの設定

　一通りの設定が済んだら、悪意ある第三者がサーバーを操作して設定を変更することができないように、アカウントにはパスワードを設定し、社内環境など特定の環境からしかアクセスできないようにするなど、セキュリティの設定をします。また、外部ネットワークとの接点にはファイアウォールを設定し、許可されている通信以外を通さないようにします。

■ ファイアウォールを設定する

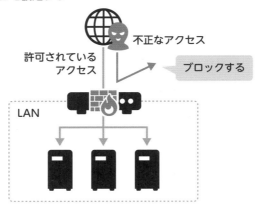

 COLUMN Infrastructure as Code

　クラウドの場合、ネットワーク機器自体がソフトウェアとして仮想化されており、ネットワーク機器の配置から配線、ファイアウォールの設定はコマンドを入力して行います。そのため、すべての構築作業を、設定ファイルや一連のコマンドとして記述することもできます。こうした方法をInfrastructure as Codeといいます。

　Infrastructure as Codeのメリットは、大きく2つあります。1つ目は何度でも同じ構成を再現でき、複製も容易であることです。もう1つは、構成をドキュメントとして残せることです。すべての設定がコードとして記述されているため、あとから設定内容を確認するためのドキュメントとしても活用できます。

まとめ

▶ **インフラの構築はネットワーク機器やサーバーの設置や配線からはじめる**

▶ **機器を配置したらIPアドレスやネットワーク、ルーティング情報などの設定を行う**

▶ **疎通が確認できたら、アカウントやセキュリティの設定をする**

50 サーバーの構築

ネットワークの構築の次は、サーバーの構築に移ります。ソフトウェアのインストールとセットアップが基本作業になりますが、セキュリティの方針を踏まえつつ、設計書に従って作業を進めることが大切です。

● サーバー構築の流れ

　サーバーにモニタやキーボード、電源、ネットワークケーブルなど基本的な装置を接続したら、OSをインストールします。次に、IPアドレスやネットワークアドレス、DNSなどの基本的なネットワーク設定をします。ネットワークの疎通は、外部からのアクセスが可能になることを意味するので、疎通前に最低限のセキュリティ設定を施しておくことが鉄則です。

　その後、Webサーバーソフトウェアやメールサーバーソフトウェアなど、サーバーの役割によって必要なソフトウェアをインストールします。最後に、全体のセキュリティの設定を行うところまででインフラ側の作業はいったん終了です。そこからバックエンドプログラマーがアプリケーションプログラムなどのデプロイ、設定をします。

■ サーバー構築の流れ

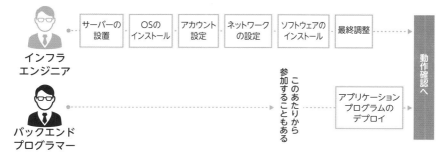

179

● OSのインストール

　設計書に従って、OSをインストールします。OSの種類やバージョン、初期
設定値、ユーザーアカウント（ユーザー名およびパスワード）などをすべて設
計書の記載通りにインストール、設定します。

● TCP/IP の設定

　OSのインストールが終わったら、IPアドレスをはじめとしたTCP/IPの基本
的な設定をして、ネットワークに接続できるようにします。ネットワークに接
続したサーバーには、その瞬間から悪意ある第三者がアクセスしてくる可能性
があることに留意しましょう。社内など、特定の送信元からしか接続できない
ようにファイアウォールを構成しておくのが理想ですが、少なくとも、管理者
ユーザーにパスワードを設定していない状態で、ネットワークに接続する設定
をはじめることは避けます。

● アップデートや追加モジュールのインストール

　近年のOSでは、インターネット経由でアップデートや、追加モジュールの
インストールを行えます。しかし、セキュリティレベルの高い現場では、イン
ターネットへの接続が許されていない場合もあるので、設計書を確認してその
方針に従いアップデートや追加モジュールをインストールします。自己判断で
インターネットに接続してアップデートを実施することはトラブルの原因にな
るので避けましょう。

　インターネット経由でのアップデートを行わない場合は、アップデートファ
イルが書き込まれたCD-RやDVD-R、USBメモリなどのメディアを使います。

■ OS やソフトウェアをアップデートする方法

インターネットからのアップデート。
高いセキュリティが求められる場合は、
許されないことが多い

メディアからのアップデート。依存関係のあるソフト
ウェアを調査して揃えるなど、手間がかかることも

COLUMN　自動化のスクリプトとネットワークブート

　OSのインストールでは「インストールオプションの選択」「アカウントの設定」「ネットワークの基本設定」といったようなウィザードを1画面ずつクリックして進めていくため、インストールが完了するまでつきっきりになり、サーバーの台数が多い場合、手間がばかになりません。

　そこで、インストールの手順をスクリプトにより自動化したり、ネットワーク経由でサーバーを遠隔起動する**PXEBoot**という仕組みを利用し、OSのイメージが入った1台のサーバーからネットワークを通じて、すべてのサーバーにインストールする方法をとることもあります。

■ ネットワーク経由でOSをインストールする

OSのイメージを置いた
サーバーを用意し、そこ
からインストールする

OSのイメージ

● ソフトウェアのインストール

OSのインストールが完了したら、Webサーバーソフトウェアやメールサーバーソフトウェアなど、サーバーの用途別に必要なソフトウェアをインストールします。こちらもバージョンによって細かな仕様などの違いがあるので、必ず設計書に書かれたバージョンをインストールします。

●インターネットからのインストールと更新

オープンソースのソフトウェアは、インターネットからダウンロードしてインストールすることがほとんどです。しかし、OSと同じく、セキュリティのレベルによっては直接インターネットからダウンロードすることが許可されないこともあります。その場合は、事前に別端末でダウンロードしたものをCD-RやUSBメモリなどで持ち込んでインストールします。

近年のOSでは、OS付属のソフトウェアも常に最新版をインターネットからダウンロードする仕組みのものが増えています。インターネットに接続できない環境ではOS付属のソフトウェアも事前にダウンロードして持ち込む必要がありますが、その方法がソフトウェアごとに異なります。また、実行のために別のソフトウェアが必要といった依存関係がある場合は、それらをすべて調べてダウンロードして持ち込む必要があるため、作業が複雑になりがちです。

こうした場合は、サーバーのセットアップ中だけ一時的にインターネットと接続できる構成にしてインストールすることもあります。

●設定ファイルの変更

ソフトウェアをインストールしたら、設定ファイルを変更します。Webサーバーであれば、レジストラに申請したドメイン名、公開するフォルダ、アプリケーションプログラムを配置するフォルダの場所といった項目を、設計書通りに設定します。なお、設定ファイルの変更は、インフラエンジニアではなくバックエンドプログラマーが実施することもあります。

システムが複雑な場合、ソフトウェアの設定項目が多くなり、作業に時間がかかるだけでなく、ミスの可能性も高まります。そこで、ソフトウェアのインストールを自動化する仕組みもよく使われます。

　自動化ソフトウェアとしては、AnsibleやChef、Puppetといったオープンソースのツールが有名です。これらのツールでは、設定項目を記載したファイルを1台の管理サーバーに集約しておけば、その設定をすべてのサーバーに適用することができます。インフラエンジニアが各サーバーにログインして1つずつ設定する必要がないので、作業効率が高まります。

　また、開発環境と同じ構成で本番環境も整えたいという場合には、同じ設定ファイルの一部のみを修正すれば流用できます。サーバーをリプレースする際にも、設定ファイルを置いた管理サーバー側で、各サーバーに対して再インストールの指示を出すだけで、設定が完了します。

7

インフラを構築する

まとめ

- ▶ OSのインストールとネットワークの設定まではサーバーに接続された端末で操作し、以降は別のPCから操作できる

- ▶ インターネットに接続できない環境では、インストールするソフトウェアをCD-RやUSBなどで持ち込む

- ▶ インストールやアップデートのために、一時的にインターネットに接続することもある

51 動作を確認する

構築が完了したら動作確認をします。あらかじめ確認する項目を定めておき、それに従って進めます。合わせて、バックエンドプログラマーが担当するシステムの負荷試験にも協力します。

● インフラの確認項目

　作業後に確認すべき項目は、すべて事前に定めておきます。多くの場合、チェックシートとしてまとめておき、作業完了後に報告書とともに顧客（依頼主）に提出します。

　確認すべき項目としては「ネットワークが疎通すること」「不正な第三者がログインしようとしたときに失敗すること」「非機能要件を満たすのに十分な速度が出ること」などが挙げられます。

■ チェックシートの例

項目	設定者	確認者	結果
サーバーAとサーバーBが疎通できること	山田	田中	○
サーバーAがインターネットに接続できること	山田	田中	○
ドメイン名「www.example.co.jp」でサーバーAが引けること	鈴木	田中	○
上記の逆引きができること	鈴木	田中	○
社内からSSHが疎通すること	山田	田中	○
社外からはHTTP以外は許可しないこと	山田	田中	○
サーバーAからDBサーバーに接続できること	山田	田中	○
DBサーバーはサーバーA以外の接続を許可しないこと	山田	田中	○

● 負荷試験への協力

システム構築では、インフラの上に構築したアプリケーションに負荷をかけたときに障害が発生しないかを確認する**負荷試験**を実施することが通例です。負荷試験の実施自体はバックエンドプログラマーが担当しますが、実施のためのインフラの準備、実施結果の計測の一部はインフラエンジニアが協力する必要があります。

●負荷試験の方法

負荷試験は、意図的にサーバーの負荷を上げ、そのときの挙動を確認するテストです。擬似的に大量のアクセスを発生させるソフトウェアをインストールしたパソコンをサーバーに接続して負荷をかけます。大規模な負荷テストの場合、アクセスを発生させる側のパソコンも高性能なものが求められ、かつ多くの台数が必要になるため、クラウド環境で実施することもあります。

●インフラエンジニアの役割

負荷試験の実施や、アプリケーションが正しく動作していることの確認は、バックエンドプログラマーが担当します。インフラエンジニアが担当するのは次のことです。

①負荷をかける環境の提供

大量アクセスを発生させるパソコンなどの環境、さらに、それをサーバーに接続するための十分な帯域の回線を用意します。

②計測

ネットワークやサーバーのCPU・メモリの利用率など、インフラ側の監視項目を監視します。

③データの初期化などの環境面の協力

負荷試験では、事前にデータを削除したり、事後にデータを元に戻したりする必要があります。そうした復旧作業を担当します。

■ 負荷試験に協力する

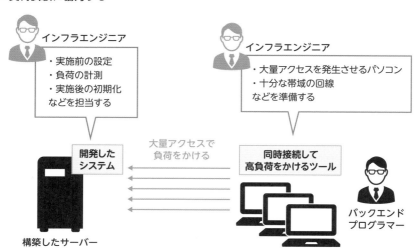

まとめ

▶ **動作確認の項目はチェックシートで確認し、顧客に提出する**

▶ **負荷試験ではインフラ側の準備や計測、復旧作業を行う**

8章

▼

インフラの運用

インフラの運用では、アクセス監視やデータの
バックアップを実施するほか、顧客からの更新
依頼などにも対応します。障害が発生した場合
は、迅速かつ確実な対応が求められます。安定
した運用のために、システム更新の計画を立て
ることもインフラエンジニアの仕事です。

52 | インフラは生きている

インフラを運用しはじめるとさまざまな事態に直面します。故障などのトラブルの
ほか、データ量の増加に対応するため機器の増設が必要になることもあります。そ
のため、日々の管理・監視が欠かせません。

● 「増築」「改築」を繰り返してインフラを増強する

　運用を開始したインフラは、まるで生き物のように日々変化があります。利
用者の増加はもちろんですが、サービスのアップデートや新サービスの追加な
ど、そのインフラで運営しているサービスの進化や環境の変化に合わせて、臨
機応変にサーバーの増強や更新を行うことになります。ネットワークも、通信
量の増加に合わせて増強しなければなりません。

　インフラは構築したら終わりというものではありません。建物のように増築
や改築を繰り返しながら運用していくものです。

■ 増築・改築を繰り返す

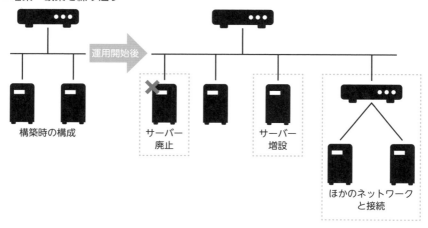

運用開始後

構築時の構成

サーバー
廃止

サーバー
増設

ほかのネットワーク
と接続

● 被害が大きくなる前に対処する

　運営しているサービスが突如人気となりアクセス数が急上昇すると、ネットワークに急激に負荷がかかり、アクセスしにくくなるなどの問題が生じることがあります。また、サーバーのハードディスクは稼働を続けるに従ってデータが蓄積され、いずれ記憶容量の上限に達します。経年劣化によってハードディスクなどが壊れてしまうこともあります。

　インフラの運用では、こうした事態の兆候を察知し、大きなトラブルに至らないうちに事前の対策をとることが求められます。例えば、ハードディスクのエラーが発生したときは、故障の兆候と考えてすぐに交換すれば大事に至りませんが、故障してからの対応だと被害が大きくなります。

■ 大事に至らぬうちに対処する

故障してからの交換
ではデータが失われ
る恐れがある

交換

警告の時点で交換
し、データの消失を
未然に防ぐ

まとめ

▶ 運営しているサービスの進化やユーザー数の増加に合わせてインフラは増強や改新を繰り返す必要がある

▶ 日々の管理・監視により異常や故障の兆候を捉え、被害が大きくなる前に対処する

53 インフラを監視する

運用開始後のインフラの正常稼働を維持するため、継続的に状態を確認する「監視」もインフラエンジニアの仕事です。監視には専用のツールを用いますが、監視ツールが収集した情報から状況を見極め、対応を判断するのはインフラエンジニアです。

◉ 主な監視項目

●死活監視

　もっとも基本的な監視は、サーバーやソフトウェアが動作しているかどうかを外部から調べる**死活監視**（つまり、死んでいるか活きているかを確認する）です。定期的にサーバーへデータ（パケット）を送信し、応答が戻ってくるかを確認するPing監視がよく知られています。応答が一定時間戻ってこない場合はサーバーが機能停止していると判断し、電子メールなどで管理者にアラートを送るといった対応がとられます。サーバーそのものの応答を確認する方法のほか、サーバー上で動いているソフトウェアの応答まで含めて確認することを死活監視という場合もあります。この場合は、ソフトウェアの特定の機能を定期的に呼び出し、正しく動作するかを確認します。

■ 死活監視

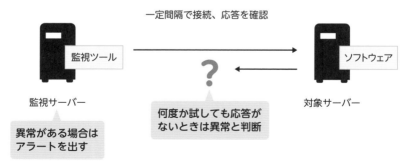

●改ざん監視

　Webサーバーの場合は、コンテンツが改ざんされていないかを確認する監視
も行います。具体的な方法としては、1日1回、コンテンツのファイルを自動
的に別の場所に保存するように設定します。毎日、当日のファイルと前日のファ
イルを比較して確認します。ファイル全体を比較すると時間がかかるため、元
のデータを一定の計算法則で短縮した**ハッシュ値**と呼ばれる値を比較します。

■ 改ざん監視

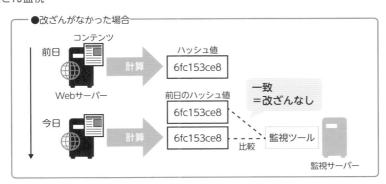

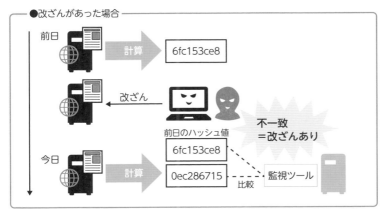

●メトリクスの監視

　ネットワークの送信量や受信量、CPUの利用率など、計測対象とする値を
メトリクスといいます。SNMP（P.157参照）などのツールを使用してメトリク
スを監視します。

■ 代表的なメトリクス

対象	項目
ネットワーク	送信量、受信量、送信エラー数、受信エラー数
サーバー	送信量、受信量、送信エラー数、受信エラー数、CPU使用率、メモリ使用率、ディスク書き込みバイト数、ディスク読み込みバイト数、ディスク残量、ファンの回転数

●ログの監視・分析

　OSが出力するログを解析して、稼働状況を監視します。管理者がログインした日時、アクセスを拒否した日時や接続元などといった情報は、OSの標準的なログに記録されているので、これを参照するように監視ツールを設定します。

　また、Webサーバーやメールサーバーなどのサーバーソフトウェアにも、アクセス日時・アクセス元、エラーの発生日時、エラーメッセージといった項目がログとして記録されるので、これらも参照するように監視ツールを設定します。

■ ログに出力される情報

出力元	出力される情報
OS	ログイン日時、ログインしたユーザー、ログインの失敗履歴、ハードウェア異常の記録、OS起動時の動作記録、リモートログインの接続元・日時の記録など
サーバーソフトウェア（Webサーバーソフトウェアの場合）	アクセス日時、アクセスされたファイル、ステータスコード、アクセスしてきた端末のOS・ブラウザ名・バージョンなど

●アプリケーションソフトウェアの監視

　サーバー上で動作するアプリケーションソフトウェアも監視項目に含めます。監視方法は、上記のログの監視・分析と同じですが、どのようなときに、どのようなエラーメッセージがどこに出力されるのかは、プロジェクトや案件ごとに異なるので、バックエンドプログラマーと詳細を相談した上で設定します。ただし案件によって、発注者（顧客）が運用するアプリケーションソフトウェアのログについては、インフラエンジニアは関知しないこともあります。

OLUMN 分析はビジネス分野にも使われる

　メトリクスやログは、ビジネス的にも重要な情報です。「何時から何時までのアクセスが多い」「あるページがよく閲覧されている」といった情報は、ビジネス戦略に役立ちます。そこで、メトリクスやログのデータをとりまとめ、分析システムに取り込むこともよく行われます。データを取り込んだあとの分析は、分析官などと呼ばれる人の仕事（最近ではAIが使われることもあります）ですが、データの取り込み方法を作ったり、データを使いやすいように加工したりするところまではインフラエンジニアの仕事です。

● 異常を定義する

　監視している値が異常値に該当するかどうかを判断する基準は、システムによって異なります。どのような値を異常値として扱うのかは、非機能要件として定めます。異常値を定めるときは**警告**と**エラー**の2つの値を定義することがほとんどです。警告は注意して見守ればよい範囲、エラーはすぐに対処をしなければならない範囲です。

■ 警告とエラー

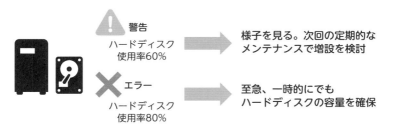

●異常発生時のフロー

　警告またはエラーが発生したときに、どのような対処をすべきかを定めます。特に、エラーの場合は迅速な対処が必要です。このとき、システムを構築した担当者に連絡して指示を仰ぐことも考えられますが、担当者が24時間365日

こうした事態に備えて待機することは不可能です。従って対処の方法をマニュアル化した上で、マニュアルの範囲を超えた不測の場合だけ担当者に連絡するようにすべきです。

　また障害発生時、一番に報告すべき関係者を明確にしておくことも重要です。「まず当直担当者が対応し、対応しきれないときはシステム責任者に連絡。業務への支障が見込まれる場合は業務担当者にも連絡」といったように、連絡経路を定めておきます。これは**エスカレーションフロー**と呼ばれ、安全な運用には欠かせない取り決めです。

■ エスカレーションフローの例

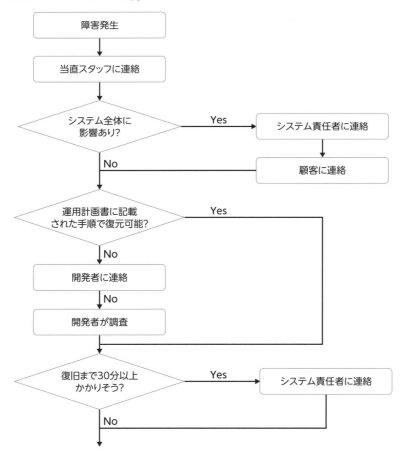

● 運用計画書としてまとめる

インフラの運用では、シフト制で24時間対応可能な体制を敷くことも多いため、誰が担当しても同じように対応できる仕組みや準備が必要です。そのため、どのような運用をするのかを**運用計画書**としてまとめておきます。運用計画書には、障害発生時のエスカレーションフローのほか、通常業務のフロー、組織図、担当者の連絡先など、運用に必要な情報をすべて記載します。

このようにルールを明確にしておくことはとても大切です。こうした取り決めがなく、個人の判断で対応すると、二次的な障害を引き起こす可能性があります。インフラの運用は、運用計画書に則って実施するものとし、個人の裁量を挟まないことが大原則です。

■ 誰でも担当できるようにまとめておく

運用計画書 　　　インフラエンジニア

・記載されている通りに作業
・規定外のことはやらない

まとめ

▶ 具体的にどのような値を警告またはエラーとして扱うのかを定義する

▶ 警告やエラーが発生したときの対応、連絡フローを整備する

▶ 運用の指針は運用計画書としてまとめておき、どの担当者でも同じ対応が行えるようにする

54 障害に対応する

障害が発生した場合は、できるだけ速やかに復旧することが求められます。サーバーやハードディスクの故障では、バックアップからデータを復旧させたり、復旧させたデータが障害前と齟齬が生じることがないように調整したりします。

● 運用計画書に従って作業する

　障害対応の基本は、あらかじめ定めている運用計画書の通りに作業することです。頻繁に発生する対応はマニュアルとしてまとめておき、運用・監視担当者はそれに従って作業を実施する体制を整えておきます。

　万一、マニュアルに対応方法が記載されていない事態が発生したときは、運用計画書に記載されているエスカレーションフローで定められた責任者に連絡し、適切な指示を仰ぎます。場合によっては、電話やチャットで責任者の指示を受けながら、追加の情報を伝えたり、指示に従ってネットワーク機器やサーバー端末の操作を行ったりします。些細な障害だからといって、自己判断で作業すると大きな事故に繋がりかねません。

■ 運用計画書に従って対処する

運用計画書

インフラエンジニア

運用計画書に従い
調査・復旧

障害が発生している
インフラ

連携

バックエンド
プログラマーなど

● 原因を絞り込み、復旧の目処をつける

　障害対応は、①原因を絞り込む → ②対応策を決める → ③対応策を実行する → ④解決できたか確認するという流れで進めます。こうした流れのなかで、どのぐらいの時間で復旧できるのかを見極めて、顧客や運用の責任者に速やかに連絡することも求められます。

　速やかな復旧が望ましいのですが、一度宣言した復旧目処の延期は、さらに大きな影響を与えかねないので、報告は慎重に行います。目処が不明なときは「原因究明中。復旧時間は不明。わかり次第報告する」と報告するのが正しい運用です。

■ 復旧の目処をつける

●事象を切り分けて原因をつかむ

　「通信ができない」「サーバーが応答を返さない」などといった障害の際、その原因を特定するには、まず「どこまでは正常に動いているのか特定」して、**事象を切り分ける**ことが基本です。

　例えば「サーバーが応答を返さない」という事象には、物理的な配線の問題、ネットワーク経路の問題、サーバー自体の問題、サーバー上のアプリケーションの問題、（応答を受ける）クライアント側の問題、果てはインターネット上の障害まで、さまざまな理由が考えられます。そこで、どこまでは通信できるのかを順番に探り、原因を絞り込んでいきます。

■ 事象の切り分け

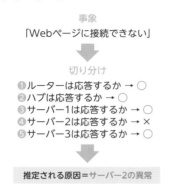

事象
「Webページに接続できない」
↓
切り分け
❶ルーターは応答するか → ○
❷ハブは応答するか → ○
❸サーバー1は応答するか → ○
❹サーバー2は応答するか → ×
❺サーバー3は応答するか → ○
↓
推定される原因＝サーバー2の異常

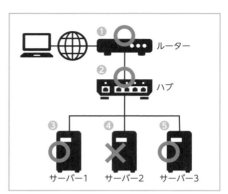

● 二次障害に注意する

　障害発生時の復旧手順を誤ると、二次的な障害が発生する恐れがあります。例えば、ディスクBと同期しているディスクAが故障したとき、ディスクAを交換した直後、新しい空のディスクAとディスクBの同期が開始され、ディスクBのデータが消えてしまう可能性があります。

　こうした事態を防ぐため、障害が発生していないほうのディスクBのデータをバックアップしておくほか、誤って同期しないように一時的に同期プログラムを停止し、ネットワークから切り離した上で作業するといったことを手順書で定めておきます。

■ 復旧手順を誤ると事故に繋がる

● データの整合性の確認と復元

　データを保存していた機器が故障したためにリプレース（交換）した場合は、データの復旧作業を行います。データの復旧が不完全な状態でシステムを再開すると「入力したはずのデータが入っていない」「再入力したら二重登録になってしまった」などの混乱が起きるので、特に注意が必要です。

●復旧できない場合の対処

　障害によっては、一部のデータが失われてしまい、完全に復旧できないこともあります。当日の商品売上データが失われてしまい、障害前日までのバックアップしか存在しないようなケースです。機器の故障による障害は冗長化で防げますが、アプリケーションプログラムの不具合（バグ）により、データが消失または破損することもあります。この場合、障害当日の故障発生時刻までのデータをどうやって復元するかが問題となります。もし、ログなどで記録が残っていたり、別のシステムに転送済みでそこから変換可能であったりするなら、それをコンバートして入れ込むことで復旧できる可能性はあります。そうでなければ、手作業で再入力することが必要になります。

　このように、**バックアップの間隔が長いほど、データ消失時に再入力すべきデータが多くなります**。バックアップの間隔を短くすることで、万一のときの被害を少なくできます。

8

インフラの運用

■ 復旧できない場合の対処

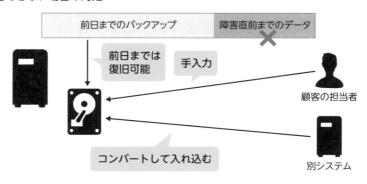

まとめ

▶ 自己判断での作業は事故を招くので、運用計画書通りに実施する

▶ バックアップの間隔が短いほど、消失する可能性のあるデータを少なくできる

55 システムのアップデートと リプレース

運用ではOSやアプリケーションの更新（アップデート）、ときには古くなった機器の交換（リプレース）も行います。アップデートやリプレースでは、一時的にシステムを停止しなければならないこともあるため、計画的に実施します。

● 保守計画

　インフラ運用では、さまざまな保守が必要です。これらは計画に基づいて実施します。

① OSやアプリケーションのアップデート

　OSやアプリケーションのアップデートには、不具合や脆弱性の修正も含まれるので速やかな適用が望ましいところです。ただし、機器との相性の問題でシステムが動かなくなる可能性もあるため、事前に開発環境や検証環境などで適用し、問題ないかを確認した上で本番機に適用することが鉄則です。

　更新時にはシステムの停止を伴うこともあるため、こうしたアップデートは「毎月1回、第2土曜日の深夜に実施する」など、保守計画を決めておいて、その時間帯にまとめて適用するのが一般的です（ただし緊急性を要する場合は、この限りではありません）。

■ OSやソフトウェアをアップデートする

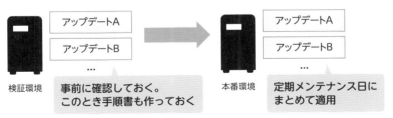

②機器のリプレース

　古くなったハードウェアやソフトウェアを新しいものに置き換えることを、リプレースといいます。リプレース計画を練るのも、インフラエンジニアの大切な仕事です。

　ネットワーク機器やサーバーには、耐用年数があります。多くの場合は、リース期間や減価償却完了のタイミングなどで機器をリプレースします。こうした事前に決まっているリプレースは、あらかじめ計画・準備しておいて、そのときに間に合うように実施します。

■ 機器のリプレース

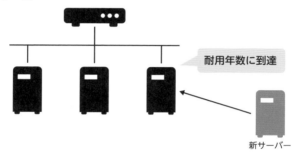

耐用年数に到達

新サーバー

③新設・増設

　しばらく使っていたら「データが増えてきてハードディスクの容量が足りなくなった」「アクセス数が多くてサーバーが足りなくなった」などの問題が発生し、当初の計画になかったインフラの新設・増設が検討されることもあります。その際には、構築と同様に、設計から準備をはじめます。

● サービス稼働を維持しながらの保守

　インフラのアップデートやリプレースでは、サーバーの再起動や、配線・機器の変更のためのサーバーやネットワーク機器の一時的な停止は避けられません。24時間無停止で運用しているように見えるサービスは、インフラの冗長性を高めて全停止を防いでいます。例えば、サーバーを5台使っているサービスで保守を行う場合、1台だけ停止して保守をし、その間は残りの4台で処理を行います。

■ 部分的に停止し残りのサーバーで稼働を維持

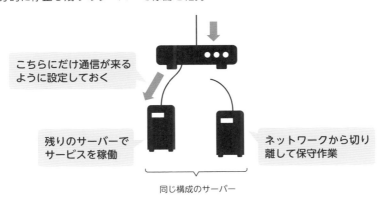

こちらにだけ通信が来るように設定しておく

残りのサーバーでサービスを稼働

ネットワークから切り離して保守作業

同じ構成のサーバー

● リプレースではデータの移行を考慮する

　機器のリプレースで、もっとも複雑なのがデータの移行です。古いサーバーを新しいものに更新する際は、サーバーを入れ換えたあとデータのコピーが必要です。近年のWebサービスではデータ量が膨大になっているため、コピーに数日を要することもあります。そこで、数日前から新旧両方のサーバーを起動しておき、両方にデータを書き込んでおくという方法がよくとられます。コピーしたときからの差分が発生するので、差分を埋める対応が必要です。

■ 数日前から新旧両方のサーバーにデータを書き込むようにしておく

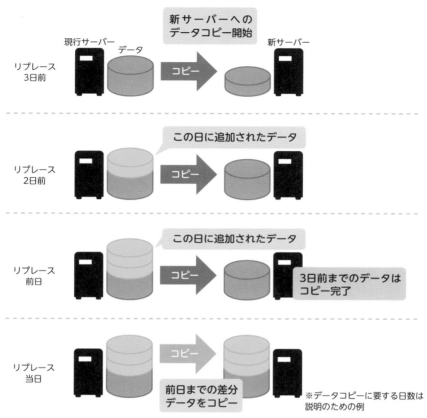

※データコピーに要する日数は説明のための例

まとめ

▶ アップデートは事前に開発環境・検証環境などで確認した上で実施する

▶ 冗長構成により、サービスを稼働したままインフラの一部を停止してメンテナンスが可能となる

▶ サーバーのリプレースでは、データのコピーにかかる時間も検討する

204

56 | 庶務に対応する

インフラを使っているさまざまな人たちからの問い合わせ・依頼に対応するのも、インフラエンジニアの仕事です。こうした庶務で忙殺されないよう、自動化することも大切です。

● 問い合わせ・依頼への対応

　インフラエンジニアの業務には、さまざまな問い合わせ・依頼への対応が発生します。バックエンドプログラマーからは「新しい開発メンバーが入ったのでアカウントを発行してほしい」「ソフトウェア開発のためにセキュリティの設定を変更してほしい」といった依頼や「この設定はどうなっているか教えてほしい」というような問い合わせもあります。

　これらにその都度対応すると、多大な時間を費やしてしまう恐れがあります。そこで、Redmine や Backlog、GitHub Issue などのチケット管理システムで ToDo リストのように管理し、優先順位や解決にかかる日数などを勘案した上で対応します。

■ 問い合わせ・依頼の内容は ToDo で管理する

発生日	期限	作業内容	担当者	進捗度
2021/09/25	2021/10/01	月報作成	野村	完了（100%）
2021/09/26	2021/10/3	ネットワーク統計作成	高橋	着手（70%）
2021/10/03	2021/10/05	アカウント登録	山田	着手（30%）
2021/10/03	2021/10/7	ファイアウォール設定	高橋	新規（0%）
2021/10/03	2021/10/07	リモート接続依頼	高橋	フィードバック（50%）

■ GitHub Issueの画面

● 定型作業を自動化する

　実際に作業するとわかりますが、例えばユーザーのアカウントを作成する場合「ユーザー名を入力」「パスワードを入力」「それぞれのサーバーに対してログインできるように追加の設定をする」「設定方法やログイン方法などを、そのユーザーに案内する」など、たくさんの操作があります。こうした操作自体は単純ですが、手作業で実行すると意外と時間がとられます。入力ミスなどが起きることもあります。

　そこで、こうした定型作業は自動化するプログラムを作っておき、迅速・確実に遂行できるようにします。

●日報・月報なども自動化する

　インフラの運用では、日報や月報などの報告書を作るのが一般的です。こうした定型作業も、プログラムを作って自動化します。文書の制作をすべて自動化できなくても、「監視した情報をグラフにして掲載する」「月末時点でのディスクの空き容量などをまとめる」など部分的に自動化するだけで業務の負荷は大きく減らせます。

　こうした保守・運用の仕事は、インフラエンジニアがやらなければならない仕事ではありますが、注力すべき仕事ではありません。自動化できるところはできるだけ自動化して、インフラの改善を考えたり、次に構築するインフラの設計をする時間に充てたりするなど、時間を有意義に使えるように心がけます。

■ 仕事を自動化する

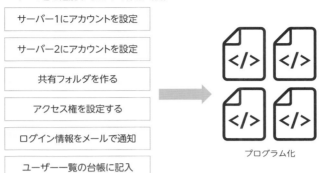

ユーザー1名を追加するための作業（例）

- サーバー1にアカウントを設定
- サーバー2にアカウントを設定
- 共有フォルダを作る
- アクセス権を設定する
- ログイン情報をメールで通知
- ユーザー一覧の台帳に記入

プログラム化

ルーチン化・ドキュメント化する

　障害時を除き、インフラエンジニアの日々の仕事は、作業内容や所要時間が一定です。可能な限り、さまざまな作業をルーチン化しておくことは事故を防ぐ上でも重要です。インフラの運用は24時間365日になりがちなので、チームでの交代制が前提です。誰が担当しても同じように作業できるよう、ドキュメント化しておくことも重要な仕事のひとつです。

まとめ

- 作業はToDoとしてまとめられるツールを使って管理する
- 定型化・自動化して庶務を効率的にこなす

自動化のすべを身に付ける

　インフラの運用は、管理や監視が中心となるため、細かい作業が積み重なり忙しくなりがちです。そして、それらの細かい作業はどれもが似たような定型作業です。

　「特定の部署から繋がるようにするためにファイアウォールを変更する」「新規サーバーを構築するためホスト名を登録する」「新しいユーザーを登録する」「月末にディスクの残量を調べてExcelのグラフにしてレポート提出する」などの作業は、それぞれは10〜30分程度でできる作業ですが、積み重なると決して短い時間とはいえません。

　多くのインフラ担当者は、こうした作業をすぐに実行できるように、小さなスクリプト（コマンド）を自作して時短を図っています。そして空いた時間で、新規インフラの構築や機材の検証などの時間を作っているのです。

　インフラエンジニアは、アプリケーションを構成するほどのプログラムを作れるようになる必要はありませんが、自動化できる程度の小さなプログラムを作れる技能があると、とても有利です。プログラムでなくともマクロなどでも十分なので、自動化のすべは身に付けておきましょう。

9章

安定したインフラを構築するために

低コストかつ安定性・安全性に長け、柔軟性に富む、そんなインフラがあれば理想的かもしれません。しかし多くの場合、これらはトレードオフの関係にあります。どんな技術やサービスにも一長一短があり、それらを組み合わせることでより顧客のニーズにかなったインフラを実現することができます。

57 障害が起こらない インフラはない

インフラの運用において、障害の発生をゼロにすることはできません。サーバーや
ネットワーク機器の物理的な故障は避けられないからです。そのため、故障を前提
とした設計・運用が大切です。

● 1カ所の故障で全体が止まらないようにする

　故障対策として有用なのが、ここまでで何度も説明している冗長化です。回
線や電源、ディスクなどを2台以上用意し、障害が発生したときに自動的に切
り替えてシステム全体が止まらないようにします。

　故障するとシステム全体が影響を受けるような箇所を**単一障害点**（SPOF：
Single Point Of Failure）といいます。例えば、Webサーバー2台、DBサーバー1
台で運用されているサービスでは、DBサーバーが単一障害点です。DBサーバー
が故障すると、Webサーバー上のアプリケーションからデータを参照できな
くなり、結果としてサービスが利用不能に陥るからです。冗長性を向上させる
ために、単一障害点は極力少なくします。

■ 単一障害点

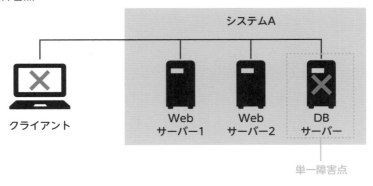

● プログラムとデータを分けた設計

　故障した機器の交換が容易に行えるかどうかは、設計の段階で決まります。ネットワーク機器などは単純に機器のみ交換すればよいのですが、問題となるのはデータが保存されているサーバーです。

　アプリケーションを実行しているだけのサーバーであれば、新しいサーバーに必要なソフトウェアをインストールしたり、アプリケーションをデプロイしたりするだけですみます。それに対し、データベースに保存されているデータなどが含まれている場合は、新しいサーバーにデータをコピーする必要があります。障害の状況によっては、データの取り出しが難航することもあります。こうしたリスクを避けるため、アプリケーションを配置するサーバーと、データベース用のサーバーを分けるなどの対策を講じます。

■ プログラムとデータが分かれていれば交換が容易

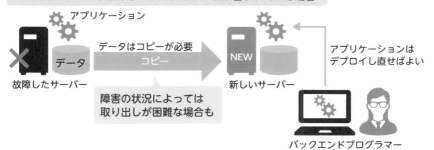

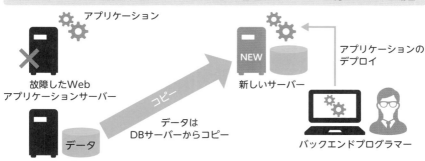

● コストと信頼性のバランス

　インフラの運用では、コストと信頼性のバランスが重要視されます。インフラの信頼性を高めようとすればするほど、機器や人員にかかる費用、メンテナンスの手間といったコストが増大します。例えば、同じ構成のシステムを2つ以上用意して冗長化すると、機器の費用は単純計算で2倍以上になります。また24時間365日、人によって監視するためには、シフトを組むだけの人員を確保する必要もあります。

　インフラに求められる信頼性の程度は、稼働するサービスによってさまざまです。システムダウンが人命や社会活動の危機に直結するようなサービスでは極めて高い信頼性が求められます。インフラエンジニアは、信頼性とコストのバランスについて、顧客の要望を第一にしながらすり合わせることが大切です。

● SLA

　サービスやシステムの提供者が、その品質を保証する範囲について利用者との間で交わす契約・合意を、SLA（Service Level Agreement）といいます。例えば、データセンター事業者はサーバーの稼働率がある水準を下回った場合に、月額利用料金の数％を返金するといったSLAを定めていることがあります。その他、監視体制、問い合わせへの対応など複数の項目について、保証内容とそれを達成できなかった際の対応が定められることがあります。インフラの設計にあたり信頼性をどこまで確保するかは、求められるSLAも参考に決めていきます。

項目	意味	例	決まるインフラ要素
サービス提供時間	サービスの提供時間	24時間365日（ただし計画停止を除く）	冗長性の程度。メンテナンスのためのサーバー全停止が不可能な場合は、順番に切り替えながら保守する
オンライン稼働時間	サービス提供時間のうち、実際に利用可能な時間の割合	99.5%以上	冗長性の程度
障害回復目標時間	障害が発生してから回復するまでの目標時間	2時間以内	冗長性の程度と方法。バックアップとリストアの方法
システム応答時間	ユーザーがリクエストを送信してから応答を返すまでの時間	3秒以内	インフラの性能。ネットワーク帯域、サーバー性能、サーバー台数など

● カオスエンジニアリング

エラー時に正しい対応が行われるかを確認する方法として、近年**カオスエンジニアリング**という手法が導入されています。これは、稼働中の本番環境に意図的に障害を発生させることで、障害復旧の仕組みが想定通り機能するか確認したり、システムのウィークポイントを把握したりする手法です。

開発環境で想定通りに動いた障害復旧の仕組みが、本番環境でも問題なく動くとは限りません。システムダウンなどの障害が社会的に重大な影響をもたらすインフラでは、カオスエンジニアリングのような検証も必要です。

まとめ

▸ **単一障害点（SPOF）を極力少なくする**

▸ **プログラムとデータを分けることでメンテナンス性が向上する**

▸ **稼働するサービスの性質などを考慮してコストと信頼性のバランスを検討する**

▸ **本番環境の障害復旧やウィークポイントを確認する手法として、カオスエンジニアリングがある**

9

安定したインフラを構築するために

58 インフラ運用では記録管理が大切

インフラエンジニアの仕事は、"構築したら終わり"ではありません。必要に応じて拡張やリプレースなどの作業が続きます。こうした継続的な作業の記録も適切に残さないと、単純なミスから大きな事故を招くこともあります。

● 記録を残す

　構築当初は、機器の台数も少なくシンプルだったインフラ環境も、増強や更新を繰り返すうちに機器の台数が増え、ネットワークも複雑化していくことがあります。

　増強や更新など、インフラに変更を加える際に大切なことは、すべての設計・設定の記録を残すことです。ハブの空いているポートにひとまず新しいサーバーを接続する、新しいネットワークのIPアドレスにルールもなく空いている値を割り当てるなど行き当たりばったりな運用をしていると、あとから見た人が、どこに何が接続されているのかわからなくなります。

　ネットワークやサーバーの状態は、必ずネットワーク構成図や機器管理表といったドキュメントに記載すること、またそれらドキュメントは、常に現状と合致させるように更新するなど、適切に管理する必要があります。

● 配線を管理する

　オンプレミスのインフラでは、データセンターなどにネットワーク機器やサーバー機器を設置し、各種ケーブルで接続します。サーバーの台数が多い場合は、配線の量も膨大になります。

　構築時のみならず、保守・運用においても、大量の配線を誤ったポートに挿してしまう事故が発生する可能性は低くありません。こうした事態を防止するためには、ケーブル類に接続先のホスト名やIPアドレスなどを記載したタグを付けておくといった工夫が有効です。そして、前述の機器管理表などともに、

どの配線がどこからどこへ接続されているかという配線図をきちんと管理し、必要に応じて参照できるようにしておくことが大切です。

■ 実態とドキュメントを合致させる

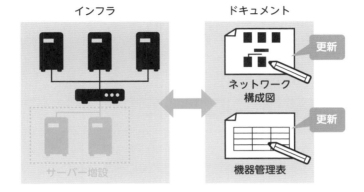

まとめ

▷ 運用開始後に加えた変更内容はすべて記録しドキュメントと実態は常に合致させる

▷ 配線にはタグを付けるなどして作業ミスやのちの混乱を防ぐ

59 スケーリングできる システムを考える

サービスの成長に伴い、インフラの性能も増強する必要があります。インフラの増強には、サーバーの処理能力を上げるスケールアップと、サーバーの台数を増やすスケールアウトがあります。

● スケールアップとスケールアウト

インフラを運用していると、サーバーの能力が足りなくなることがあります。すでに第5章で説明したように、サーバーの能力を高める方法としては、1台の性能を上げる**スケールアップ**と台数を増やす**スケールアウト**があります。

どちらの方法にもメリットとデメリットがあります。しかしながら、将来的な負荷増大の程度の正確な予測は難しいことに加え、サーバー台数を増やせば冗長化にもなることから、可能な限りスケールアウトを目指すべきです。

● サーバーを増やして分散処理で運用する

サーバーの台数を増やして処理能力を高めるスケールアウトは、近年では当たり前の考え方になってきています。1台のサーバーの性能には限度があり、1台が故障したときの影響が大きくなるためです。これは単一障害点の考え方にも繋がります。

膨大な計算量を必要とする機械学習や3Dアニメの制作などでは、高性能なサーバーを多数組み合わせて計算能力を高める運用が一般的です。

近年、インフラに求められる計算性能や扱わなければならないデータ量は増加の一途をたどっており、1台のサーバーでの処理は不可能なことが多くなってきました。そのため、複数台のサーバーによる分散処理を取り入れていく必要があります。

■ 分散処理で高い計算能力を実現

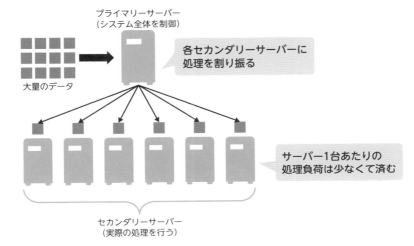

プライマリーサーバー
（システム全体を制御）

各セカンダリーサーバーに
処理を割り振る

大量のデータ

サーバー1台あたりの
処理負荷は少なくて済む

セカンダリーサーバー
（実際の処理を行う）

まとめ

▶ 1台のサーバーの性能を上げるスケールアップは、性能面の限界があり、単一障害点にもなりうる

▶ 今後予想される高い計算性能の要求に対応するには、複数台のサーバーによる分散処理が必要

60 クラウドの使いどころと注意点

近年、クラウドを用いたインフラ構築の普及が進んでいます。すぐに導入できる、運用・管理の手間がかからないなど、たくさんのメリットがあるからです。反面、費用や障害発生時の対応などでは注意すべき点もあります。

● あらゆるシステムでクラウドの導入が進んでいる

　インフラを構築する上で、クラウドはとても魅力的な選択肢です。物理的な機器を所有しないため、初期コストが不要になるだけでなく、仮想サーバーや仮想ネットワークが構築されている物理的なサーバーやネットワークのトラブルは、クラウド企業が面倒を見てくれるからです。クラウドサービスによっては、さらに仮想サーバーのOSやソフトウェアのアップデート、各種運用も任せることができるためインフラ管理業務の軽減にも繋がります。

　従来は、Webサービスの提供にはクラウドを使い、社内システムはオンプレミスでという運用がされていました。しかし現在ではクラウドに専用線を引き込んで、社内システムまでもクラウドに移行することが増えてきました。専用線を引き込めば、インターネットを経由しないのでセキュリティを担保しつつクラウドを利用できます。

■ 社内システムにもクラウドの導入が進む

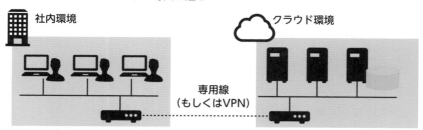

社内環境

クラウド環境

専用線
（もしくはVPN）

主なクラウドサービス
・AWS（Amazon Web Services）　・OpenCanvas（NTTデータ）
・Google Cloud　　　　　　　　　・さくらのクラウド（さくらインターネット）
・Microsoft Azure　　　　　　　　・ニフクラ（富士通クラウドテクノロジーズ）

● 「クラウド＝安い」ではない

クラウドは物理的な機器の調達が不要なことから、安上がりと単純に考えられることもありますが、必ずしもそうではありません。確かにネットワーク機器やサーバーの初期導入コストは抑えられますが、**ランニングコストを含めるとオンプレミスより高コストになる場合もあります。**クラウドでは、保守・運用の一切を任せることができ、さらにマネージドサービスのような便利なサービスもあります。その分の費用は利用料金に含まれます。

コスト面が特にシビアである大規模な運用では、頻繁に構成を変えたいところはクラウド、ある程度構成が固まっており、低コストで運用したいところはオンプレミスというように、それぞれの特長を活かして使い分けている事例もあります。

■ トータルコストの比較

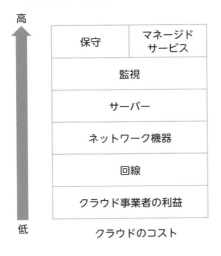

● クラウドサービス自体の障害時に手が出せない

　クラウド上に構築した仮想サーバーや仮想ネットワークではなく、クラウドサービスそのものに何らかの障害が発生した場合、ユーザーのインフラエンジニアにできることはありません。クラウドも完璧というわけではなく、データセンターの設備や物理サーバーのトラブルなどに起因する障害によりクラウド上のインフラで稼働しているWebサイトにアクセスできない、ゲームが利用できないということがあります。こうした障害のほとんどは、リージョンと呼ばれる運用場所（国）単位で発生するため、別のリージョンに冗長構成をとっていればリスクヘッジになりますが、まれにすべてのリージョンで障害が発生することもあるため、完全とはいえません。

　クラウドサービスの障害においては、ユーザーが講じうる手段はなく、サービス事業者による復旧を待つほかありません。ユーザーはクラウドサービスの物理的リソースに対しては管理権限を持たないからです。

まとめ

- ▷ 社内システムの運用にもクラウドが使われはじめている
- ▷ ランニングコストではクラウドの方がコスト高になる場合もあるため、オンプレミスとの併用も考える必要がある
- ▷ クラウドサービス自体の障害ではユーザーは手出しができない

10章

**インフラ業界での
ステップアップ**

インフラエンジニアになったら、少しずつ知識
や経験の範囲を広げてステップアップを目指し
ましょう。その道は1つとは限らず、さまざま
な方向性が考えられます。この章では、インフ
ラ業界で今注目されている新技術のほか、イン
フラエンジニアとしての守備範囲を広げるため
に身に付けておきたい知識やスキルについて解
説します。

61 最新の知識を取り入れる

将来のステップアップのための準備として大切なのは、常に最新のインフラ知識をインプットしておくことです。最新の知識を得ることは、将来はもちろん現在のスキルにも有効です。

● 激動するインフラ環境

　電気や水道、鉄道といった社会インフラに比べ、ITインフラは変化のスピードが速いといえます。直近の例でいえば、2020年春からの新型コロナウイルス感染症の世界的流行により、各企業は急速なテレワーク化を余儀なくされました。そして夏頃には、テレワークは新たな働き方としてすっかり定着しました。こうした状況に対応するため、多くの企業でネットワークの増強やクラウド化の一層の促進といった、インフラ刷新の動きがありました。それ以前にも、インフラは時代とともに常に変化してきました。

●データに見るインフラ環境の変化

　次のグラフは、総務省の令和元年度版情報通信白書から抜粋した、国内におけるメインフレーム（官公庁や大企業などの基幹業務で古くから使われてきた大規模なコンピューター。汎用機とも呼ばれる）と、サーバーの出荷台数の変化です。2000年度に初めてサーバーの出荷台数がメインフレームを上回りました。さらにサーバーの出荷台数は2003年〜2006年にかけて急激に上昇し、2006年からは緩やかに減少の一途を辿っていることがわかります。これは、2000年代に入ってからの日本のインターネットビジネスの急成長、そして2010年前後からのクラウドの普及という流れにほぼ一致しています。

■ サーバーとメインフレームの国内出荷台数

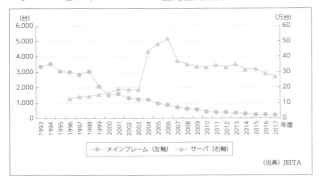

総務省 令和元年度版情報通信白書より抜粋

　メインフレームからサーバーへ、そしてクラウドと物理的なあり方は変化しながらも、計算処理速度（スループット）、データ転送量、同時接続数といった**リソースは常に増大させていかなければならない**というのがインフラの使命といえます。

● IT全体のニーズを知る

　IT業界全体で今何が求められているのか、これから何が必要とされるのかを常に把握していけば、職場の体制の変化に対応し、適切な転職やキャリアパスにも繋げられるでしょう。

　2021年現在のIT業界の動向として掴んでおくべきキーワードとして、次のものが挙げられます。

● DX（デジタルトランスフォーメーション）

　従来から進められてきた「社内システムのIT化」よりも、さらに積極的にITによる価値の創出を目指す考え方です。

　DXのもたらすインフラへの影響として挙げられているのが、アプリケーション開発部門からのデータやリソースの利用要望の高まりです。また、負荷分散やセキュリティといった課題も加わることから、インフラの運用管理にはより高い水準が求められることになるでしょう。

● AI ／ IoT

DX実現のキーを担う技術と目されているのが、AI（人工知能）や、IoT（モノのインターネット）です。

AIは大量のデータを長時間にわたって処理し続けるため、高いインフラ能力を必要とします。IoTはデータの常時送信・保存を伴うため、それに耐えうる信頼性を備えたネットワーク性能やストレージ容量が不可欠です。

● 5G

5G通信は無線ネットワークの需要増、データ通信量の増大に拍車をかけると予想されています。5Gの特徴のうち、とりわけ注目されているのがその低遅延性です。このメリットを最大限に活かすために、5G通信を利用するシステムはソフトウェア、ハードウェアの全体にわたって高速性が求められます。

これらの技術を、迅速かつ低コスト、低リスクに導入する手段として重要なのがクラウド技術です。このため、昨今ではインフラのクラウド化が急速に進んでいます。

◉ 知っておきたい技術

第4章で紹介したような必須の知識・技術のほかに、これから求められるかもしれない最近の技術についても、その考え方や用語に慣れておけば、必要になったとき抵抗なく向き合えるはずです。

インフラエンジニアのスキルアップに役立つと考えられている最近の技術は、例えば次のようなものです。

●クラウドサービス

現在、クラウドサービス市場は、AWS、Google Cloud、Azureの大手3ベンダーでほぼ寡占状態ですが、国内事業者では、ソフトバンクグループのIDCフロンティアが運営するIDCFクラウドや、富士通クラウドテクノロジーズが運営するニフクラなども一定のシェアを占めています。それぞれの業者が、技術の粋をこらし、規模や用途に合わせた数多くのサービスを提供しています。また、新サービスの開始、既存サービスの改良も頻繁に行われています。

■ クラウドサービス企業

	サービス名	運営企業
世界3大クラウドサービス	AWS (Amazon Web Services)	Amazon
	Google Cloud	Google
	Microsoft Azure	Microsoft
国内クラウドサービス	さくらのクラウド	さくらインターネット
	OpenCanvas	NTTデータ
	ニフクラ	富士通クラウドテクノロジーズ
	IDCFクラウド	IDCフロンティア（ソフトバンクグループ）

●クラウドに関連する周辺技術

　クラウドを構成する技術についても知っておくと、クラウドサービスの選定や運用に役立ちます。

　クラウド技術のほとんどはソフトウェアなので、業界でリーダーシップを狙う企業がどんどん新しい考え方、範囲を拡張した考え方を提唱し、標準化競争を繰り広げています。

　例えば、2010年ごろから**SD（Software Defined：ソフトウェア定義）**という言葉を冠したさまざまな技術が登場しました。SDとは、ハードウェアを仮想化してソフトウェアで一元管理する技術で、ネットワークを仮想化する「SDN（Software-defined Networking）」に始まり、ストレージを仮想化する「SDS（Software-defined Storage）」、データセンター全体のハードウェアを仮想化して制御する「SDDC（Software-defined Datacenter）」、「SD-WAN（Software-defined Wide Area Network）」……といったように次々に新たな考え方や技術が生まれています。このような用語の洪水に流されないためには、用語が示す技術的な定義をしっかりと把握しておくことが大切です。

● 軽量プログラミング言語

　さまざまなハードウェアが仮想化されるようになると、機器の設置や配線といった物理的な作業を、ソフトウェアの機能として実現できるようになります。これはインフラ管理のさまざまな領域を、プログラムによって自動化することが可能になることを意味します。

　そこで重要視されるのが、仮想化されたインフラを制御するためのプログラミング技術です。プログラミングといっても、インフラ制御に必要なプログラムは本格的なWebアプリケーションなどとは違い、数十行から300行程度の小規模なものです。主に、軽量プログラミング言語（スクリプト言語とも呼ばれます）であるPythonやGo言語などのほか、Linuxのシェルスクリプト（bash）をはじめとした、サーバーOSを操作する言語が使われます。

● 最新のセキュリティ事情

　第4章でも述べたように、インフラエンジニアが関わるセキュリティ問題は、接続と通信の管理にほぼ限られています。

　インフラエンジニアのキャリアパスには、セキュリティエンジニアへ進む道もあります。こうしたキャリアパスが念頭にあるならば、積極的に幅広いセキュリティ問題に通じておくとよいでしょう。そうでなくとも、インフラをクラウドで構築するならば、そのクラウド業者のセキュリティ関連情報は常に気にしておきたいものです。

● どこから情報を得るのか

　上記のような情報は、新しければよいわけではありません。誤った情報に惑わされないよう、出所が確かでかつ「なにが新しく、どんな利点や問題があるのか」を明確に述べている情報源が望ましいといえます。Webサイトであれば、次のようなところから入手するとよいでしょう。

● IT 系ニュースメディア

こうしたメディアは、ニュース記事だけでなく、多くが無料のメルマガを配信しています。メルマガに登録しておけば、関心のある分野の記事を見逃すことがありません。

● IT ベンダーやサービス企業のサイト

ベンダーやサービス会社が提供している技術の解説や成功事例などが読めます。これらは広報活動の一環であることから、デメリットの情報などに欠ける傾向は否めませんが、技術やサービスの具体的な目的や使用方法を知ることができます。

● 官公庁（総務省、経産省など）や独立行政法人の白書、報告

社会基盤、社会の動向、民間の情報をとりまとめた上で、わかりやすく解説されています。各種資料や統計情報を入手するときにも役立つでしょう。

まとめ

- ▸ **IT インフラは年々構成を変えながら、性能や容量が増大している**
- ▸ **最近は特にクラウド化、仮想化が進んでいる**
- ▸ **プログラミングはスキルアップに有利**
- ▸ **セキュリティを知っておくとセキュリティエンジニアへの道も開ける**

62 大規模システムの経験を積む

数万人規模のアクセスや数億件のデータを扱う大規模システムには、負荷やデータを分散する独特の仕組みや考え方が必要です。大規模システムに関わる機会を持ち、その知見を吸収することで、大きくステップアップできます。

● 大規模システムとは

ひとことで大規模システムといっても、開発規模が大きなもの、アクセス数が多いもの、データ量が多いものなどさまざまです。

●開発規模の大きなプロジェクト

金融機関、鉄道や航空などの運輸事業者・官公庁などから受注する開発プロジェクトが代表例です。銀行の出入金システムや鉄道会社の予約システムを刷新するようなプロジェクトでは、複数のシステム開発企業が合同で携わり、開発者は1000人単位、開発期間も数年といった規模になる場合があります。

このようなプロジェクト自体が日常的に立ち上がっているわけではないので、すぐに参加するのは難しいですが、大手IT企業の開発部門や、大規模案件を扱うITソリューション企業に勤めていれば、機会があるでしょう。

●アクセス数、データ量の多いシステム

1社が単独で運営するようなシステムでもアクセス数やデータ量が多ければ、小規模運用の延長ではなく、最初から大規模処理が可能なシステムを構築しています。

特に最近はスマートフォンの普及によって、インフラエンジニアが2人程度しかいない小規模な運営会社であっても、大量のアクセス、データを処理する必要が出てきました。本節では、携わる機会が多いと思われるこのようなシステムについて解説します。

● アクセス数やデータが増大するタイミングを読む

　アクセス数やデータ量は常に一定ではありません。特定の曜日や時間帯、利用者（クライアント）が行う特定の操作といったタイミングでアクセスが集中したり、データが増大したりするのが一般的です。

●イベント時刻にアクセスが集中するケース

　ネットショッピングやオンラインゲームのサイトでは、特定の時刻にタイムセールやトーナメントなどのイベントを開催することが多く、そのときは、平常時の何倍ものアクセスが一気に集中します。

■ アクセスが集中する時間帯

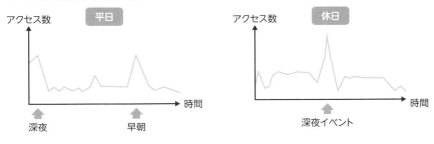

●ユーザーデータの読み込みでデータ量が増大する

　オンラインゲームでは、それまでのユーザーの成績をデータベースから読み込んでからゲームを開始します。ゲームの内容によっては、ユーザー1人当たりのデータが何百件にもなり得ます。こうした処理も重なるため、アクセスが集中したときは、データ量が増大します。

●公平を保てるインフラが求められる

　ブログなどのサイトでは表示に2～3秒を要しても問題にならないことが多いですが、先着を競うショッピングや、一瞬の操作が勝敗に関わるオンラインゲームなどでは、表示速度がユーザーの損得に繋がります。そのため、接続や応答に要する時間が、どのユーザーにとっても体感的に不公平を感じないように構築するよう努めます。

● 大量のアクセスをどのように処理するのか

大量のアクセスを処理する方法は、いくつかあります。

●ロードバランサー

特定のサーバーに負荷が集中することを防ぐ技術として、まず必須なのが**ロードバランサー（負荷分散装置）**です。ロードバランサーは、配下に用意した複数台のサーバーに対して、負荷を平均的にするよう、アクセスを振り分ける役割をします。

●データベースの分割

膨大な数のユーザーデータが運営者のデータベースに保管されるようなシステムでは、データベースのテーブルを分割する方法がとられています。

分割には**垂直分割**と**水平分割**があります。垂直分割は、テーブル（表）を項目（列）ごとに分割します。例えば、次の図のような商品を管理しているテーブルがあるとします。このうち商品名と価格は受注処理のたびに毎回参照され、製造元と倉庫番号は比較的参照される頻度が少ないとします。このとき、商品名・価格の列と、製造元・倉庫番号の列を2つの異なるテーブルに分割します。頻繁に参照されるテーブルの項目を最適化することで、参照時に発生するアクセス数を減らし、処理負荷を軽減します。

■ 垂直分割

商品管理テーブル

商品ID	商品名	価格	製造元	倉庫番号
1	扇風機	2000	A社	A1
2	ベッド	35000	B社	A2
3	テーブル	18000	B社	A1
:	:	:	:	:

商品名・価格テーブル

商品ID	商品名	価格
1	扇風機	2000
2	ベッド	35000
3	テーブル	18000
:	:	:

製造元・倉庫番号テーブル

商品ID	製造元	倉庫番号
1	A社	A1
2	B社	A2
3	B社	A1
:	:	:

一方、水平分割（シャーディングともいいます）は、元々1000件の商品を管理していたテーブルを、商品IDが1〜500のデータは商品管理テーブル1に、商品IDが501〜1000のデータは商品管理テーブル2にというように分割します。このように、複数のテーブルにデータを分けることで処理負荷の分散を図ります。水平分割のデメリットとしては、分割後に項目の追加・削除が生じた際には、分割したすべてのテーブルに対して変更を適用しなくてはならないことなどが挙げられます。

■ 水平分割（シャーディング）

商品管理テーブル

商品ID	商品名	価格	製造元	倉庫番号
1	扇風機	2000	A社	A1
2	ベッド	35000	B社	A2
:	:	:	:	:
:	:	:	:	:
500	電子レンジ	5500	C社	A2
501	テーブル	18000	B社	A1
:	:	:	:	:
:	:	:	:	:
1000	本棚	12000	B社	A3

1000件

商品管理テーブル1

商品ID	商品名	価格	製造元	倉庫番号
1	扇風機	2000	A社	A1
2	ベッド	35000	B社	A2
:	:	:	:	:
:	:	:	:	:
500	電子レンジ	5500	C社	A2

商品管理テーブル2

商品ID	商品名	価格	製造元	倉庫番号
501	テーブル	18000	B社	A1
502	スツール	20000	B社	A2
:	:	:	:	:
:	:	:	:	:
1000	本棚	12000	B社	A3

500件

●インメモリ

　ユーザーの使用中にユーザーデータが頻繁に変わるシステムでは、データベースの内容をサーバーのメモリ上で読み書きし、時間を遅らせてクラウドやデータセンターに送るようにキャッシュ処理することで高速化を図ります。

◯ 大規模システムで用いるハードウェア・ソフトウェア

大規模システムでは、高負荷に耐えられるハードウェアやソフトウェアを使いますが、基本的な構造は小〜中規模システムと同じです。

●開発規模の大きなシステム

金融や官公庁など開発規模の大きなシステムだからといって、見たこともない異次元のソフトウェアやハードウェアが用いられることはありません。

Windows Server と Windows SQL Server で構築されることもあれば、Oracleのミドルウェアとデータベースになることもあります。これらは小〜中規模なシステムでも用いられています。

●アクセス・データ集中型のシステム

大量のアクセス、データ送受信を処理するシステムは、その運営内容によって少しずつ違うので、オンプレミス／クラウドの構成、DB／APサーバー（DB=データベース、AP＝アプリケーション）の構成も各自で工夫することになります。

よく用いられる以下のような技術やソフトウェアは運用管理を経験しておくと力になるでしょう。

技術	説明
DNSラウンドロビン	負荷分散技術。同じドメイン名に対するアクセスを、複数のサーバーのIPアドレスに振り分ける
リバースプロキシ	DNSラウンドロビンの手法のひとつで、本サーバーの代わりに接続を受けて処理する。ミラーサーバーともいう（プロキシはアクセス要求を代行するが、リバースプロキシはアクセスされたほうの代理になる）
memcashed	複数のキャッシュサーバーで分散インメモリ処理を行うソフトウェア。MySQLなどのリレーショナルデータベースと組み合わせて読み書きを高速化できる
Redis	「NoSQL型（P.117参照）」のデータベースサーバー。前述のmemcachedと同じようにキャッシュとして使う用途のほか、さまざまなデータを格納する際に用いる

● 大規模システムの経験がもたらすメリット

大規模システムを経験すると、次のようなメリットがあります。

①負荷分散・処理高速化の仕組みが理解できる

memcachedやRedisなどのソフトウェアはオープンソースであり、誰でも使えます。しかし実際に大量のアクセスを経験しないと知見はたまりません。経験することで、負荷分散や高速化の仕組みを深く知ることができます。

②次の大規模システムのステップアップになる

大規模システムのエンジニアの中途採用では、大規模システム経験者が歓迎されます。さまざまな構成のシステム・対処すべき問題を扱う経験を持っておくと、ITの設計やコンサルタントへと進むとき、その経験が活かせます。

③負荷を考えた開発者になれる

インフラ担当からアプリケーション開発への転向に関心があるとき、負荷を考えてアプリケーションを設計できる強みがあります。

✏ まとめ

- ▶ **大規模システムには小規模システムの延長ではない、高負荷や処理の遅延を防ぐシステム構成や手法がある**

- ▶ **スマートフォンの普及によって、比較的少人数のプロジェクトでも大規模システムを体験できる**

- ▶ **大規模システムでは、DNSラウンドロビンのような負荷分散技術、データベースの分割やインメモリでの読み書き、キャッシュサーバーの使用などの手法をとる**

63 セキュリティの知識を身に付ける

インフラエンジニアがセキュリティや開発の知識を身に付けておくと、将来の転職に有利なだけでなく、いま携わっているインフラの運用管理にも役立ちます。また開発の知識は、バックエンドプログラマーなどとやりとりするときに役立ちます。

● システム全体にわたって求められるセキュリティ

　企業や学校、研究所など、同じインフラ上で複数の人が作業する環境では、スタッフや従業員のリテラシー教育から機器の設計・設定まで、全体にわたるセキュリティ対策が求められます。そのなかでインフラエンジニアがすることやできることをまとめると、以下のようになります。

■ インフラエンジニアがすることとできること

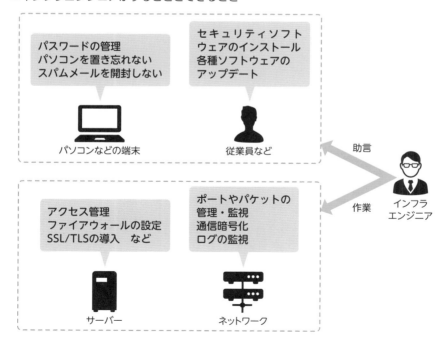

● セキュリティの動向

　セキュリティにハッピーエンドはなく、新しい技術が出ればその脆弱性が問題となり、確立したはずの対策にも問題が見つかることもよくあります。新しく、かつよくまとめられたセキュリティ情報を得られるサイトを紹介します。

●独立行政法人　情報処理推進機構（IPA）の Web サイト

　これまでの章でも随所で紹介していますが、家庭から企業まで、広い範囲でのセキュリティ啓発、脆弱性対策報告、他組織からの情報などが掲載されています。
URL：https://www.ipa.go.jp/

●経済産業省の「情報セキュリティ政策」ページ

　経済産業省では情報セキュリティ政策として種々の基準やガイドラインをPDFで発行しています。
URL：https://www.meti.go.jp/policy/netsecurity/index.html

●セキュリティ関連企業のレポート

　セキュリティソフト、セキュリティソリューションをはじめ、多くのIT関連企業では自社の関わるセキュリティ問題とその対策について、専門サイトやブログなどで報告を出しています。

COLUMN　セキュリティ関連資格

　P.64で紹介したIPAの「情報処理安全確保支援士試験」のようなセキュリティスペシャリストの試験、各種ベンダー試験の中のセキュリティ項目など、資格取得まで至らなくとも勉強するなかで知識を身に付けることができます。

インフラ業界でのステップアップ

● クラウドとセキュリティ

P.240から詳しく解説しますが、クラウドでは、保守やセキュリティ対策の
かなりの部分をクラウド事業者に任せることができます。そこで重要なのは、
事業者が展開するサービスから自社のセキュリティポリシーに適したものを選
定することと、選定・導入したサービスを適正に利用することです。

また、クラウド利用者に対する情報セキュリティガイドラインとしては、
2013年経産省発行の「クラウドサービス利用のための情報セキュリティマネ
ジメントガイドライン 2013年版」が利用できます。
URL：http://www.meti.go.jp/policy/netsecurity/downloadfiles/cloudsec2013fy.pdf

一方、クラウド事業者に対しては、2018年7月総務省発行の「クラウドサー
ビス提供における情報セキュリティ対策ガイドライン（第2版）」があります。
URL：https://www.soumu.go.jp/main_content/000566969.pdf

それぞれの文書からクラウドのセキュリティ課題とその対処法の概要を学べ
ます。

まとめ

- ▶ **インフラエンジニアは、ネットワークやサーバーに対するセ
  キュリティ対策を施す**
- ▶ **システムを利用するスタッフや従業員に対する、セキュリ
  ティ上の助言を求められることもある**
- ▶ **インターネットなどで情報を得て、セキュリティに関する最
  新の動向を把握する**

64 ソフトウェア開発を知る

ソフトウェア開発について知ることは、インフラエンジニアにとっても有益です。
バックエンドプログラマーとの意思疎通がスムーズになるほか、システムの性能や
セキュリティの面においても得られる知見があるでしょう。

● システムを構成するソフトウェア開発の分類

　ソフトウェア開発には、ローレベルのソフトウェア開発とハイレベルのソフ
トウェア開発があります。これらの違いを押さえておきましょう。

●ローレベルのソフトウェア開発

　コンピューターのハードウェアに近い部分を制御することを指して「ローレ
ベル」（低水準）といい、機械語（マシン語）や、機械語の命令と正確に対応し
たアセンブリ言語と呼ばれるローレベル言語でプログラムされます。ローレベ
ルのソフトウェア開発には次のような分野があります。

• ファームウェア

　各機器に最低限の動作をさせるために電子回路内に書き込む制御ソフトウェ
アです。ローレベルと呼んで間違いのないアセンブリ言語や、ハイレベルの言
語ながらハードウェア寄りの制御も可能なC言語などで開発されています。

• デバイスドライバ

　機器を制御するためにOSにインストールするソフトウェアです。これもア
センブリ言語やC言語で開発されています。

• OS（オペレーティング・システム）

　ハードウェアとアプリケーションプログラムの仲立ちをするソフトウェア
で、C言語などで開発されています。

●ハイレベルのソフトウェア開発

　ハードウェアを直接意識せずに、より抽象度の高い言語を用いたソフトウェア開発を「ハイレベル」（高水準）といいます。ハイレベル言語は、人間の言葉に近い構文が採用され、ローレベル言語よりも習得しやすくなっています。

● バックエンドソフトウェア

　ファイルサーバー、Webサーバー、メールサーバー、ネットワークサーバーなどのソフトウェアです。OSに動作を依頼するところまでを作成すればよいのでハイレベルのプログラミングに入ります。

● フロントエンドソフトウェア

　画面やマウスなどを通じた入出力を担う部分のソフトウェアです。Webアプリケーションのボタンやモーダルなどが例です。視認性や操作性に関わる、もっともハイレベルのプログラミングです。

■ プログラミングのレベル（水準）

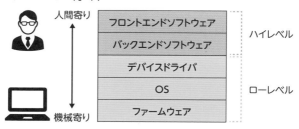

◉ アプリ開発者との相互理解のために必要な開発知識

　フロントエンドのアプリケーションの書き方が不適切だとサーバーの負荷が高くなることがあります。また脆弱なアプリケーションを作ってしまうと、サーバーが危機にさらされる懸念もあります。

　以下に、サーバーの負荷やセキュリティに関して、アプリケーション開発者との相互理解を深めるのに役立つ知識の一例を紹介します。これらを学ぶことで、アプリケーション開発者に適切なアドバイスや意見ができるようになるでしょう。

●非同期・並列処理

　アプリケーション側で非同期（サーバーからの応答が返ってくる間、別の処理ができる）や並列処理のように、サーバーへの要求を分散させるような作り方をすれば、必要とするサーバーの処理能力を抑えることができます。

● Web ソケット

　一度接続を確立したサーバーとクライアント間で専用のチャンネルを作成して通信する技術です。サーバーからクライアントへのプッシュ配信ができる（クライアントが常時要求を出さずにすむ）、パケットロスが減るなどの利点があります。

● Web ページの脆弱性

　「SQLインジェクション」「クロスサイトスクリプティング」などの攻撃に対しては、脆弱性を露呈しないためのプログラミングの記法が確立しているにも関わらず、不注意から脆弱なコードをサーバーに載せてしまったことによる被害が最近でも報告されています。こうした問題にインフラ側で対処するWAF（Web Application Firewall）などの技術も注目されています。

10
インフラ業界でのステップアップ

まとめ

> ▶ プログラミング言語には、ハードウェアを直接制御するローレベルの言語と、より抽象度が高いハイレベルの言語がある

> ▶ 分散処理やWebソケットの知識、Webページの脆弱性に対する知識があると、プログラマーとの意思疎通に役立つ

65 仮想化技術、コンテナ、クラウドを理解する

ITの分野ではクラウド化が急速に進んでいます。クラウドは仮想化という技術が使われていますが、その概念はオンプレミスで用いる実在の機器の構成と大きく変わりません。しかし仮想化の仕組みを知っておくと、対応がもっと容易になるでしょう。

◉ なぜクラウドなのか

　「クラウドで効率化」とはよくいいますが、最初になぜクラウドなのか、インフラという面から大きな理由をいくつか挙げていきます。

●すぐにはじめられる

　2020年3月後半あたりから4月にかけて、急遽テレワークの導入に迫られた職場が、クラウドのVPNを構築することで迅速に対応できたという事例が多くありました。このようにクラウドでは、すぐに仮想環境を入手できます。

　AWS、Google Cloud、Azureのいずれも「今日中になんとか仮想環境を手に入れたい」というのであれば、自分でインターネット上から法人アカウントも作成できますが、契約方法やサービスプランの相談にのってくれる国内代理店もあります。

●すぐにスケーリングできる

　これも2020年3月、4月のことになりますが、世界中の多くの都市がロックダウンや外出規制を実施した際、動画配信サービスやリモートの教育・会議サービスなどの利用率が数倍から十倍以上に急上昇しました。

　このとき多くのサービス業者がクラウドを利用していたため、すぐにスケールアウトして対応できました。クラウドの強みは、すぐにスケールアップやスケールアウトができるだけでなく、規模を縮小するスケールダウンもすぐにできることです。

　物理的な機器がないために「この先、再び利用者が減ったら増強分が無駄に

なる」ことがなく、意思決定もすぐにできます。とはいえ、はじめからスケーリングを考えて、急にアクセスが増えたときの負荷分散、後述のように各サービスの依存性を小さくするコンテナ化、マイクロサービス化等の導入を検討しておくと、あとがラクです。

●場所・設備・人

オンプレミスとクラウドでのコスト比較は、既存の機器やシステムがある場合や長期に渡る運営計画がある場合は、検討の余地があります。

しかし、そもそも設備を置く場所もなく、人員も割けないような運営者でも、使用料さえ払えばネットビジネスをはじめられるところにクラウドの意義があります。

◎ コストと負荷で環境選択

クラウドは、オンプレミスのアウトソーシングではありません。クラウドならではの特徴を活かしたインフラ設計が重要です。

●クラウドサービスの提供方式

クラウドを語るとき、「○aaS」という用語が頻繁に使われます。「aaS」は「as a Service」の略で「サービスとして」と訳されます。

はじめに現れたのは、Webメールやブラウザベースのエディタ、オンラインストレージなどのソフトウェアを、パソコンユーザーが自分のパソコンではなくオンラインで利用できる**SaaS（Software as a Service）**でした。その後クラウドのリソースを企業などに提供するビジネスが始まり、いろいろな「○aaS」が出てきました。

IaaS（Infrastructure as a Service）は仮想化したサーバーやネットワーク機器などのインフラを提供するサービスです。クラウド以前に知られていたVMWareやVirtualBox、Xenなどの「仮想マシン」がオンラインで提供されます。

アプリケーションの開発環境やOSなどのプラットフォーム一式をインターネットを介して提供するサービスが**PaaS（Platform as a Service）**です。OSは、Windowsの提供元であるMicrosoftのAzure以外は、ほとんどがオープンソー

スライセンスのLinux系です。OSだけでなく、アプリケーションまで提供する
サービスをSaaSといいます。どんなアプリケーションをインストールしてお
くかに幅広い選択肢が存在するところが特徴です。Webサービスを構築する
ならApache HTTP Serverや、MySQLなどのデータベースも入っているサービ
スが選べます。もちろんOSだけのサービスを選んで、ソフトウェアは自分で
追加・設定することもできます。

　こうした環境のうち、もっともインフラエンジニアの仕事に近いのは、IaaS
からの環境構築でしょう。

■「○aaS」のサービスの違い

●従量課金が中心

　クラウドサービスの多くは、いずれも「使った分だけ支払う」という従量制
が中心です。また、ストレージや基盤システムなど、24時間無休で常時保持
するのが普通のリソースは、「予約」という形で1年単位や数年単位で契約でき
る定額サービスもあります。

　課金の体系はサービスの種類や事業者によってまちまちですが、ストレージ
を占有する容量や、外部からのHTTPリクエストの回数、データベースクエリ
の回数、アプリケーションの作成回数、ロードバランサーの使用時間といった
要素を基準に算出されます。CPUやメモリ、ストレージに負荷をかける作業と、
インターネットを使う作業に課金されると考えるとわかりやすいでしょう。

　ほとんどの場合、ピークのときは課金が多くなっても、平常時は少なく保て
ます。また、不要になったらいつでも停止できるので、従量制のほうが合理的
といえるでしょう。しかし第三者の侵入でリソースを荒らされると、莫大な課
金が発生します。そうしたことがないように、パスワード管理には十分な注意
が必要です。

●ゼロから設計する必要がない

　動的なWebサイトを1つ立ち上げるのにも、サーバーを動かすシステム、コンテンツを置くストレージ、ユーザーデータを保存するデータベースなど、いろいろな要素が必要となり、オンプレミスでは事前の設計に時間を割く必要がありました。しかし多くのクラウドサービスでは、これをゼロから設計する必要はなく、標準的な構成が決まっています。それをベースに必要に応じて発展させて、設計することが可能です。

◎ どこまで管理してくれるのか

　クラウドは利用者に代わって、運用・管理をしてくれます。その範囲は、サービスによって異なります。

● IaaS の場合の例

　管理責任は、クラウドサービスで提供するものはクラウド事業者の責任、そこに利用者がインストールしたものは利用者の責任となるのが基本です。次の図は、IaaSの場合の責任分担の例を表したものです（詳細はクラウド事業者との契約内容によって異なります）。

■ IaaSにおけるクラウド業者と利用者の責任分担の一例

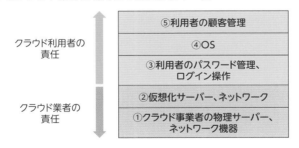

このうち、①と②はクラウド業者しか扱えないものですから、クラウド業者に責任があります。クラウド業者と契約した利用者のアカウント情報も、クラウド業者の元にあります。②の状態が利用者に提供されますから、そこから先は利用者の責任です。

③は、例えば利用者がクラウドの管理コンソールにログインするときに自分のパスワードを誰かに見られたり、管理者アカウントで開発作業までしたりするような場合は利用者側の責任となるということです。

④でいう「OS」とは、利用者が仮想マシンにインストールしたOSを第三者に乗っ取られたような場合は利用者側の責任になるということです。

⑤でいう「利用者の顧客」とは、例えばクラウド利用者がゲームアプリを公開する場合、そのアプリでゲームをプレイする人たちのことです。クラウドだからといって全責任を丸投げにはできません。つまり、利用者が何の知識も用意もなく運用や開発だけをしていればよいということはありません。

● バックアップ

クラウド上で構築したシステムのバックアップは、通常は同じクラウドサービスのストレージに保存します。利用者に責任のある部分に障害が生じたときは、これでリストアできます。

クラウド事業者のハードウェアなどに障害が起きたときの対策として、同じクラウドサービスの別の地域（海外など）にシステムの複製やバックアップを置くといったことがあります。

● クラウドで変わるサーバー構造

近年のシステムは、大きなものをひとつ作るのではなく、小さなものを組み合わせて全体を作るという作り方をしています。こうしておくと、壊れたときの交換や保守、部分的なバージョンアップが容易になるほか、障害の際の切り分けもしやすいためです。

こうした小さなものを組み合わせるというやり方は、クラウドの特徴である「スケールアップ・スケールアウトしやすい」「従量制」という性質ともマッチします。

●コンテナ型仮想化

近年の技術的なトレンドとして挙げられるのが**コンテナ型仮想化**です。コンテナ型仮想化は、サーバー仮想化技術（P.19参照）の１つですが、OS単位ではなくアプリケーション（ソフトウェア）単位で仮想化するものです。ホストOSから一部を分離した領域（コンテナ）でアプリケーションを実行します。

物理サーバー上に仮想OS（仮想サーバー）を構築した上でアプリケーションをインストールする方法に対し、コンテナの作成コストは格段に低くすみます。また、システムの構成を変更する場合も、コンテナにより各アプリケーションが隔離されていることは、あるアプリケーションの変更がほかの領域に影響することを回避できるメリットをもたらします。

現在、コンテナ型仮想化ソフトウェアとして広く用いられているのが**Docker**です。インターネット上では、コンテナにあらかじめWebサーバーやDBMSなどといったソフトウェアがインストールされたDockerイメージが配布されており、開発の効率化に役立ちます。

●マイクロサービス

マイクロサービスとは、アプリケーションをもっと小さいサービスに分解して、それらのサービスを互いに呼び出し合う仕組みです。極端にいえば、データベースからの読み出し専用のサービスと書き込み専用のサービスを、別々に作って組み合わせるようなものです。

各サービスの同期を図ったり動作のスケジュールを整えたりするのがオーケストレーションソフトウェアです。Dockerコンテナをオーケストレーションするツールとして「Kubernetes」がよく知られています。

● CI/CD

CI（Continuous Integration）は継続的インテグレーション、CD（Delivery, and Deployment Integration）は継続的デリバリーまたは継続的デプロイメントと訳されます。

チームでソフトウェア開発するとき、誰かが常に部分的な修正を行っているため、どの時点でソフトウェアを総合的にビルドして動作テストなどを行うべきか踏ん切りがつきません。そこで定期的に、あるいは誰かがコードに変更を

加えたタイミングで、自動的にビルドおよびテストを実施する手法をCIといい、こうしたプロセスを自動化するソフトウェアをCIツールといいます。ビルド、テストが完了したコードを自動的にサーバーにデプロイし、本番稼働可能な状態にするのがCDツールです。

　CI/CDの目的は、短いサイクルでソフトウェアのビルド、テスト、フィードバックを自動的に行い「いつでも製品として出荷できる」状態を保つことです。ソフトウェアがマイクロサービスのように細分化され、独立性が強くなるほど「CI/CD」の開発システムが容易になります。

● Blue/Green デプロイ

　Blueは「現行環境」、Greenは「更新環境」を意味します。システムを更新する際、現行の環境（Blue環境）に更新をデプロイするのではなく、別の更新環境（Green環境）を用意し、更新が完了次第、外部からのアクセス先をBlue環境からGreen環境に切り替えるデプロイ手法です。

　Blue/Greenデプロイは、機能追加などのたびに新しい環境を用意することになりますから、オンプレミスの物理的なサーバーではなかなか実現しづらい手法です。オンプレミスでまるごと更新したいのであれば、深夜にシステムを止めて実施する必要があります。当然、メンテナンス中はシステムが利用できなくなります。

　しかしクラウドをはじめとする仮想環境では、Green環境のように新しい環境を作って差し替えることができるため、その切り替えを、ほぼ無停止で、瞬時に実行できます。また、Green環境に切り替え後に不具合が発生した場合も、残されているBlue環境から更新前の状態を復元することができます。

■ Blue/Greenデプロイ

従来のシステム更新

①深夜帯などにサーバーを停止し、
新機能などをデプロイ

インターネット　ルーター　Webサーバー
（停止中）

デプロイ実施

②システム更新完了後、サーバーを
再起動してシステム稼働再開

インターネット　ルーター　Webサーバー

Blue/Greenデプロイ

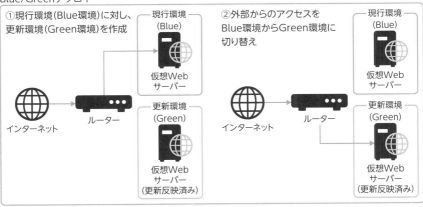

①現行環境（Blue環境）に対し、
更新環境（Green環境）を作成

現行環境
（Blue）

仮想Web
サーバー

インターネット　ルーター

更新環境
（Green）

仮想Web
サーバー
（更新反映済み）

②外部からのアクセスを
Blue環境からGreen環境に
切り替え

現行環境
（Blue）

仮想Web
サーバー

インターネット　ルーター

更新環境
（Green）

仮想Web
サーバー
（更新反映済み）

まとめ

▶ クラウドの利点はすぐに開始でき、迅速にスケーリングできること

▶ クラウドは基本的に従量課金制

▶ クラウド事業者しか知らないリソースは事業者、利用者が導入したリソースは利用者に管理責任がある

▶ クラウド化に伴って登場した開発手法を用いると、クラウド化のメリットがより多く得られる

66 インフラエンジニアの キャリアパス

インフラエンジニアは、実務を通して現場でしか得られない経験を1つ1つ積むことで成長します。その経験は新しい技術が登場したとしても決して無駄にはならず、各所で役立つはずです。

● インフラを軸としたキャリアパス

　インフラを軸としたキャリアパスとしては、インフラエンジニアとして、任された作業を実施する立場から、要件をまとめ設計を行う役割へとステップアップする道があります。一方、技術面でチームを主導するテックリードや、インフラ運用の自動化や最適化によりサービスの信頼性を支えるSREという職種を目指す選択肢もあります。

●運用・保守 → 構築 → 設計

　インフラエンジニアという職種の中でのステップアップです。キャリアの初歩段階では稼働中のシステムをマニュアルやリーダーの指示に従って監視したりログを解析したりといった運用の仕事にあたることが多いでしょう。経験を積むにつれ、自ら問題を発見して対処を検討したり、障害に対応できるようになっていきます。次に、設計担当者が書いた設計書に従って、システムを構築していくようになります。運用や構築でインフラに関する幅広い知識と経験を得ることで、やがてシステムを設計する役割を担えるようになります。

■ インフラエンジニアとしてのキャリアアップ

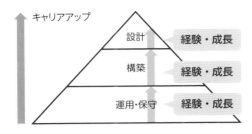

●インフラエンジニア→テックリード→ SRE

個人としての「エンジニア」から、チーム内でメンバーを引っ張って行くような、システムを全体的に見ることのできる立場になっていきます。

テックリードや**SRE**は米国を中心に提唱され普及した開発現場での新しい役割です。「テック（技術）リード」とは、総合的な「マネジメント」ではなく、具体的な技術でリーダーシップを発揮する役割です。コードの品質をはじめ、システムの構成や開発の生産性などを、どうあれば良いかではなく具体的にどのツールやライブラリを用いるか、どのプログラムからどのプログラムを呼び出すかという、自分で経験していなければわからないような提案をします。同時に、より総合的なマネージャーや、エンジニア系ではない組織との窓口になります。

「SRE」とは「Site Reliability Engineering（サイト信頼性のエンジニアリング）」の略で、Webサイトの信頼性を向上させるために行う取り組み・方法論やこれに取り組むエンジニアを指します。現在ITビジネスにおいて顧客との接点が「Webサイト」になっています。また、Webサイトは内部で多くのサービスと深く繋がっています。障害対応やセキュリティ対策はもちろん、開発から実操業化に至る工程の効率化や運用上の負荷対応、新技術の導入など、SREはサイトに関わるいろいろな技術を用いて調整していく役割を担います。

■ テックリード・SREへのキャリアアップ

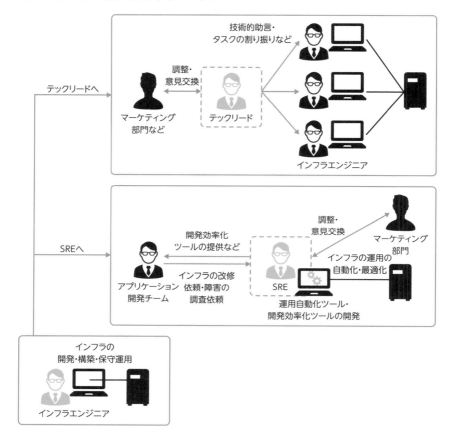

● インフラ以外のレイヤーへ進むキャリアパス

　インフラエンジニアから「インフラでない分野」に進む例としてセキュリティエンジニアへの道があります。

●セキュリティエンジニア

　インフラに携わって行くうちに、セキュリティに関する知識・経験も増えていきます。そこでセキュリティ関連の資格を得て、セキュリティエンジニアとなり、積極的にセキュリティ強化のシステムを構築していく道が考えられます。

■ インフラエンジニアとセキュリティエンジニアの担当範囲

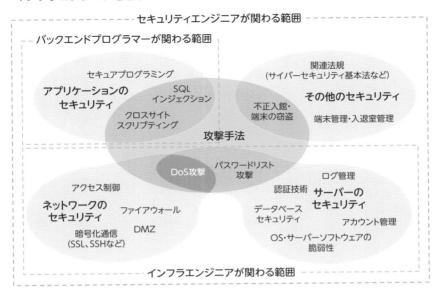

まとめ

▶ インフラエンジニアという分野の中で、運用・保守→構築→
設計のように高度な役割へステップアップしていく

▶ インフラという分野で、個人の技術向上から、技術で周囲に
働きかけていくテックリードや、システム全体を見るSREな
どに役割を広げていく

▶ インフラの貴重な経験を活かしてほかのIT分野に進む

| 取材協力 |

株式会社 NTT データ

さくらインターネット株式会社

楽天グループ株式会社

■ お問い合わせについて
・ ご質問は本書に記載されている内容に関するものに限定させていただきます。本書の内容と関係のないご質問には一切お答えできませんので、あらかじめご了承ください。
・ 電話でのご質問は一切受け付けておりませんので、FAXまたは書面にて下記までお送りください。また、ご質問の際には書名と該当ページ、返信先を明記してくださいますようお願いいたします。
・ お送り頂いたご質問には、できる限り迅速にお答えできるよう努力いたしておりますが、お答えするまでに時間がかかる場合がございます。また、回答の期日をご指定いただいた場合でも、ご希望にお応えできるとは限りませんので、あらかじめご了承ください。
・ ご質問の際に記載された個人情報は、ご質問への回答以外の目的には使用しません。また、回答後は速やかに破棄いたします。

■ 装丁 ──────── 井上新八
■ 本文デザイン ──── BUCH⁺
■ DTP ──────── リブロワークス・デザイン室
■ 本文イラスト ──── リブロワークス・デザイン室
■ 担当 ──────── 渡邉健多
■ 編集 ──────── リブロワークス

ずかいそくせんりょく
図解即戦力
インフラエンジニアの知識と実務が
これ1冊でしっかりわかる教科書

2021年10月2日 初版 第1刷発行

著 者 インフラエンジニア研究会
発行者 片岡 巌
発行所 株式会社技術評論社
　　　　東京都新宿区市谷左内町21-13
　　　　電話　　03-3513-6150　販売促進部
　　　　　　　　03-3513-6160　書籍編集部
印刷／製本 株式会社加藤文明社

ISBN978-4-297-12289-8 C3055　　　　　Printed in Japan

■ 問い合わせ先
〒162-0846
東京都新宿区市谷左内町21-13
株式会社技術評論社 書籍編集部
「図解即戦力 インフラエンジニアの知識と実務がこれ1冊でしっかりわかる教科書」係

FAX：03-3513-6167

技術評論社ホームページ
https://book.gihyo.jp/116